JN223486

# インコ・オウムの心を知る本

愛鳥の気持ちに寄り添った、よりよい暮らしのために

細川博昭 著
ものゆう イラスト

緑書房

# はじめに

鳥と暮らす人々の多くが、「鳥にも心があること」を実感しています。
とくにインコやオウムは、人間のように喜び、怒り、驚きます。平和な時間が好きで、遊びが好き。期待したり、不安になったりします。寂しいことは嫌いで、楽しいことを求めます。ときに駆け引きもします。体全体で「喜怒哀楽」も表現します。もともと群れの鳥でもあるインコやオウムは、コミュニケーションを重視します。家庭においても、それは変わりません。

飼育者と、その家で暮らすインコやオウムは、それぞれのやりかたをすり合わせるようにしながら、コミュニケーション能力を向上させ、より深い交流ができるようになっていきます。人間とインコやオウム、それぞれが心や意思を伝え合うために試行錯誤するところから、両者のコミュニケーションは始まっています。

また、それぞれの脳内では「幸せホルモン」と呼ばれる物質が分泌され、なでること、なでられること、声をかけあうこと、おたがいを見ること、ともに遊ぶことなどをとおして幸せを感じ、幸福感を強めていきます。それが、インコやオウムが求める「心ゆたかな暮らし」です。

そうした暮らしを続けていくことで、彼らの心が安定することは以前より知られていましたが、飼育者と十分な愛情交換ができている鳥は、体にもよい影響が出て、長生きにもつながることがわかってきました。

人間と同様、強いストレスが続くと、心と体を病んでしまいます。インコやオウムが望む暮らしを提供するためにも、強さや弱さをふくめたその心のありようを知ることは、とても大切です。鳥を専門とする獣医師からも、ともに暮らす鳥の心を理解することの重要性が強く主張されるようになってきています。

インコやオウムの心理について解説した書籍、『インコの心理がわかる本』が出版されたのは2011年の初夏のこと。当時は、鳥の心理について解説した本は日本にはまだなく、初の書籍となりました。13年ぶりとなる本書は、改定新版ではなく、最新情報を加えて内容を刷新した新たな書籍です。

紙のかたちの『インコの心理がわかる本』は長く絶版状態となっていて、読みたいと切望するかたの手許にも届けられない状態になっていました。

鳥の飼育者は電子版の飼育書をあまり好まず、紙へのこだわりが強いと感じてきましたので、今回やっと、新たな本としてお届けすることができて感無量です。

インコやオウムとのよりよい暮らしを模索しているかたの手許に、本書が届くことを願ってやみません。

# もくじ



## Chapter 1 知っておきたい鳥の心

## Chapter 2 成長とともに変化する心

Chapter 3
## 暮らしの中のインコ・オウムの気持ち



Chapter 4
## インコ・オウムの意識

Chapter 5

# インコ・オウムの心の特質

Chapter

1

# 知っておきたい鳥の心

# 恐竜が鳥になって得たもの、失ったもの

## 鳥の誕生は予想よりも早い

　鳥が地球上に誕生したのは一億年以上も前のこと。鳥に向けた進化の始まりは、さらに数千万年遡ると考えられています。祖先は、小型の肉食恐竜です。

　少し前まで、鳥は恐竜が絶滅する直前に生まれ、恐竜が絶滅したあと、生き残った鳥たちが恐竜のニッチ（生態的地位）を埋めるように世界中に広がったと考えられていました。

　しかし実際は、恐竜たちが絶滅するかなり以前から、インコ目やスズメ目などの「目」の分化は進んでいたことがわかっています。

　恐竜たちが生息していた時代、その頭上や地上には、さまざまな鳥がいて、今に近い暮らしを始めていたようです。

## 鳥は進化した恐竜そのもの

　鳥は「気囊（きのう）」という肺につながる特殊な器官（空気袋）を使って呼吸をしていますが、恐竜の体にも気囊があって、鳥とおなじような方法で呼吸をしていました。

　恐竜が巨大化できたのは、気囊を使う特殊な呼吸システムによって、必要な酸素を効率よく体内に取り込むことができたためと考えられています。現代において鳥の気囊は、通常の呼吸のほかに、渡り鳥が空気の薄い高高度の空を飛ぶ際にも役立っています。

　進化する前、鳥の翼は前肢（＝前足）でした。そのため、初期の翼には指や爪もあって、手としての機能も残っていました。現代の鳥では、南米に生息するツメバケイのヒナの翼に、祖先を思わせる爪の痕跡が見られます。

　鳥の体を包む羽毛も、祖先の恐竜から受け継いだものです。当時から、赤や茶、黒や白など、鮮やかな色の羽毛をもった恐竜がいました。また、一部の恐竜が、現代の鳥のように翼と体の羽毛を使って、効率のよい抱卵をしていたこ

ともわかっています。

そうした意味で、羽毛も翼も、鳥に向かって進化していた祖先から受け継いだもの（＝資産）といえます。また、羽毛をまとってい た恐竜の一部には、鮮やかな羽毛のついた翼を「求愛のディスプレイ」に利用していたものがいた可能性も指摘されています。

## 祖先の恐竜がなくしたもの

鳥は飛ぶ体になるために徹底的に体を軽量化しました。一部の筋肉を軽い腱に変えたほか、頭部では口の開け閉めに使う筋肉と目のまわりの筋肉を残し、それ以外の筋肉を大胆に削減。これによって、表情をつくるための「表情筋」の大半を失いました。それが、鳥が無表情に見え、「感情がない」と思われた理由でもあります。

ですが実際の鳥はとても感情豊かな生き物だとわかっています。それを本書で解説していきます。

## 鳥が得たもの

鳥は空を飛ぶ能力を得ましたが、自在に飛ぶためには高度な体のコントロールが不可欠です。それを可能にするために、鳥は脳を大きく発達させました。

先にも記したように、飛翔には体の軽量化が不可欠で、そのため鳥は頑丈で重いあごの骨と歯を捨て、口をクチバシに変えました。

鳥のクチバシは人間の手や指のような働きもします。とくにインコやオウムは、クチバシと手のように使える足を使い、人間が両手でするような作業も行うことができます。このような生活スタイルになったこともまた脳を活性化させ、進化につながったと考えられています。知的な能力において、大型のインコやオウムが鳥の頂点に立っているのも、こうしたことが大きく影響しているようです。

足でものをつかんでかじるオカメインコ。

# 鳥には鳥の心がある

## 動物の心が否定された過去

心とはなにか――。古代より哲学者が求めた問いのひとつです。

「考える存在のみが心をもつ」と唱えたのは17世紀のフランスの哲学者デカルト。「動物は、本能のままに生きる『自動機械』であり、思考はしていないのだから、心はない」と主張しました。

動物の心の理解は、こうした思想によって長くはばまれてきました。さらに鳥については、愚か者を意味する「birdbrain」という単語が存在するように、哺乳類よりも劣った存在と見なされてきました。残念なことに、「鳥はバカ」という根拠のない主張を信じる人はいまだに多いのが実情です。

## 人間とは異なる心

心とはなにか。なにが心をつくっているのか。それは現代においても大きなテーマですが、舞台は哲学から心理学に移り、脳の研究との結びつきを強めています。

発達した脳には心が宿る。それを出発点に、動物の脳がどんな心を生みだしているのか、探る試みも始まっています。

同時に、人類の進化の道を逆に辿りながら、「心はいつ生まれたのか」という研究アプローチも始まっています。動物の心に注目が集まっているのは、言語をもたない時代の人間の心のありかたを知るためのヒントがそこにあると考えられるためです。チンパンジーなどの霊長類の行動から、その心を知る試みも行われています。

言葉を使って思考している現代の人間のもつ心が、唯一の「心のかたち」ではありません。生物は進化の過程で心を得て、それぞれが独自に発達させてきました。

人と暮らす鳥の観察をとおして、彼らにも豊かな心があることが見えてきています。大型のインコやオウム、カラス類には人間が思う以上に発達した脳があり、高

度な認知能力があることもわかってきました。

ヨウムは3～5歳児レベルの知能を有します。

## 動物の心

生き物が心を得たのは、生きていくために必要だったからです。

野生の生き物が怒り以外の感情を表に出すことはまれですが、飼育されている鳥、なかでもインコやオウムは、喜び、怒りといった基本的な感情に加えて、未来を予想しての期待、思い通りにならない不満、自身と他者を比較しての嫉妬など、複雑な感情も見せてくれます。

つがいの相手や仲のよかった相手が死んだのち、失意から弱っていく例があることについても、多くの臨床データが存在します。

動物の心の理解において、インコやオウムがとくに注目されるのは、飼育され、飼い主とのあいだで信頼関係が結ばれている個体では、わかりやすい――だれにもわかる「豊かな感情」がその挙動にはっきり現れるためです。そして、その感情が人間とよく似ていることを、飼育者と、鳥を専門とする獣医師が指摘しています。

## 鳥と人間の心が似ている理由

鳥たちが進化したのは樹上です。そこは捕食者からの逃げ場所であり、高い位置から獲物を見つけ、翼を使って滑空したり舞い降りたりして襲うのに格好の場所でもありました。そこでは果実や種子など、食料が豊富に得られることも大きな理由でした。

人間の祖先である初期の霊長類も、鳥のあとを追うように樹上で進化しました。おなじような環境でおなじような生活をすることで似た姿になることを「進化の収斂（しゅうれん）」と呼びますが、似てくるのは姿だけでなく、心も似てくることが少しずつわかってきています。

# 鳥が世界を知る方法

## 世界の認知は目と耳で

鳥はまず、目で見て世界を認識しています。自分の居る場所、行きたい場所、食べ物、仲間や敵の姿や思惑も目で見て確認します。

人間も鳥も視覚を重視して暮らしてきましたが、鳥はその体に見合わない大きな眼球をもちます。たとえばフクロウの眼球は、人間とほぼおなじサイズ。インコやオウムもそれなりの大きさがあり、頭蓋骨（とうがいこつ）内部の大部分を脳と眼球が占めています。

人間の視神経は網膜上の視細胞から伸びる繊維が束ねられ、まとめられたかたちで脳に送られていますが、鳥の視細胞から送られる情報は一切減らされることなく、そのまま脳に届きます。これもまた、鳥が人間以上に視覚を重視している証拠とされます。

鳥の目の解像度は高く、色彩を感じる力も人間よりも上です。人間の目は青、緑、赤の「三原色」の光で世界を見ていますが、鳥は紫外線をふくむ「四原色（紫外〜紫、青、緑、赤）」で見ていて、広い可視域をもっています。

インコやオウムは捕食される側の生き物でもあるので、目と耳で常に周囲を警戒しています。目は頭の横についていて、広い視界をもちます。さらに、よく動く首を動かし、角度を変えて見ることにより、死角はほぼありません。両眼視できる範囲は人間よりも狭いものの、目の前のものは両眼で立

### 人間と鳥の可視域

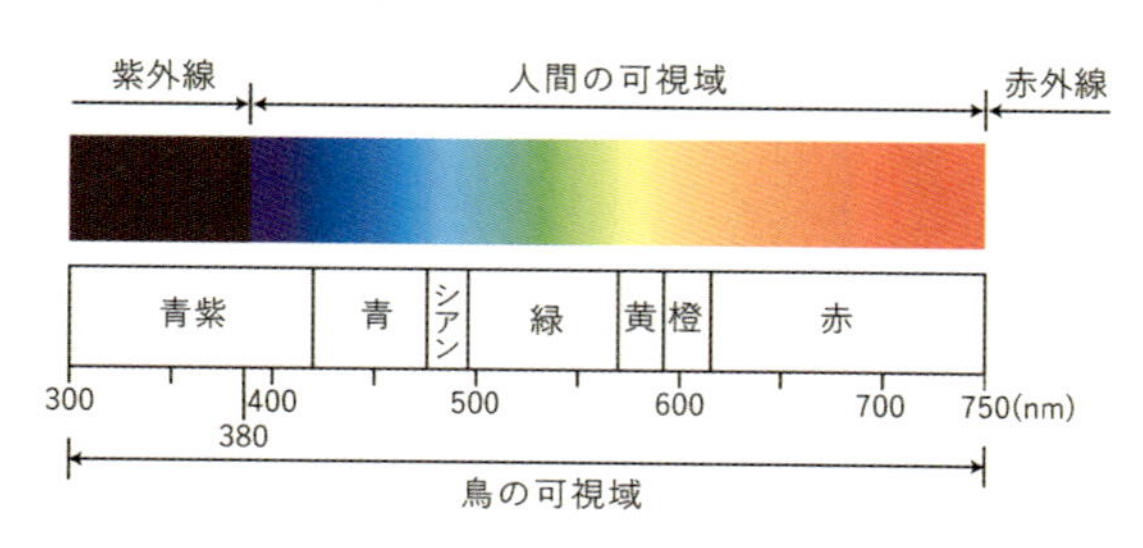


人間は380nmくらいまでの光しか見えませんが、インコやオウムは300nmくらいの紫外線領域まで見えています。

体的に見ることが可能です。

ただし鳥の場合、眼球の構造上、対象に目を近づけるようにして片目で見るほうが、より高解像で見られるため、じっくり観察したいものは片目で見ます。人間にはそれが「小首を傾げている」ように

### 人間の視野と、インコやオウムの視野

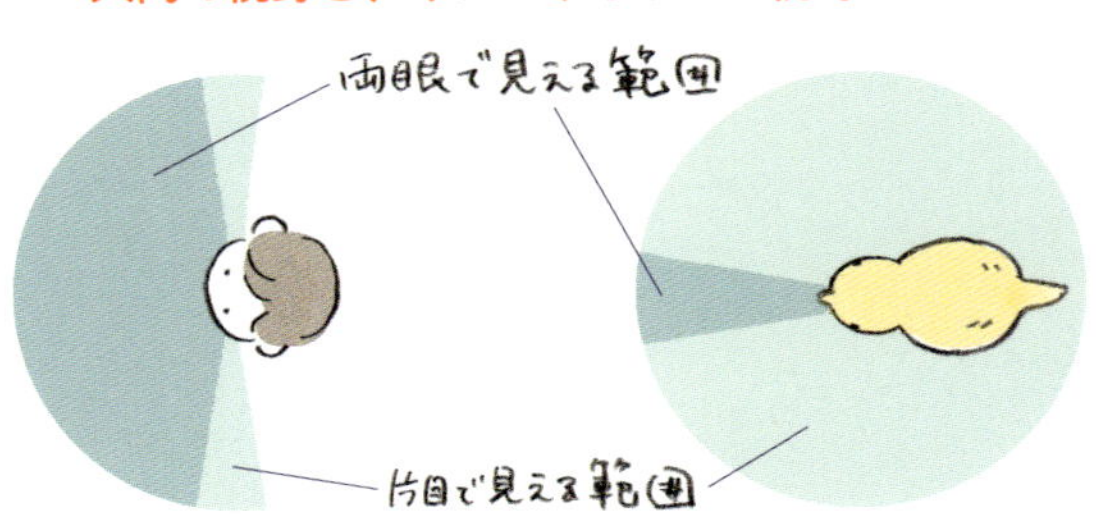


顔の横に目がついているインコやオウムの場合、死角はきわめて少なく、周囲の広い範囲が見えています。

見えたことから、鳥らしいしぐさと長いあいだ認識されてきましたが、鳥たちにとっては、見たいものや見るべきものをしっかり観察している姿でした。

## 鳥の耳の特徴

鳥の可聴域は人間とほぼ同等です。人間と同様、高い周波数の音（超音波）は聞こえていません。低音も耳の構造上、あまり聞こえてはいませんが、皮膚にあるセンサーや骨に伝わる振動を使って全身で感じてはいるようです。

インコやオウムの耳には人間のような「耳介」（耳たぶ）はありません。目の斜め後下方にある耳の位置には、パラボラアンテナのような皿状のくぼみがあって、その構造が集音器の役割を果たしています。首の角度を変えて音がよく聞こえる位置にすることで、音源の場所や距離がわかります。

もともと鳥の眠りは浅いものですが、眠っていても音や声は脳に届いていて、警戒する必要がある音が聞こえたときは、瞬時に覚醒のスイッチがオンに。そこで冷静な判断ができる鳥と、焦ってパニックを起こす鳥がいます。オカメインコに多いのが後者です。

### 鳥の耳の位置

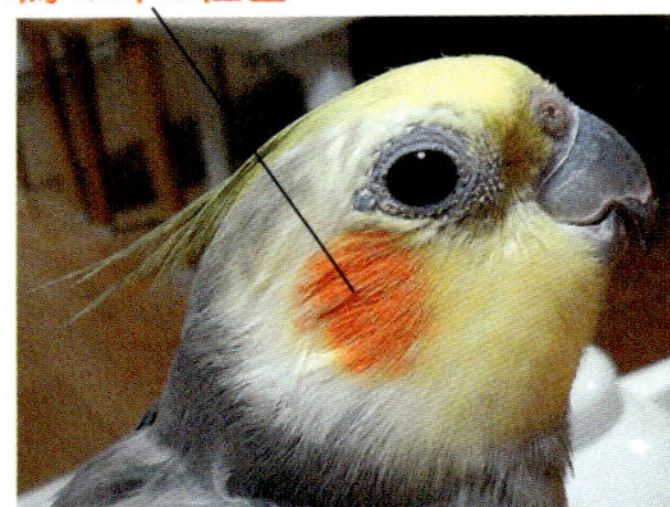

オカメインコの場合、丸いオレンジ色の羽毛の中心くらいに耳の穴があります。

## コミュニケーションも目と耳で

人間は声や表情の変化、身振りや手振りなどを多用しながらコミュニケーションしていますが、インコやオウムも同様です。顔や挙動を見ながら相手の声を聞くと、そのときの相手の感情がわかります。自分に対する意識や感情もわかります。伝えたいこと、伝えたい感情が相手にある場合も、顔つきや挙動から理解できます。声をふくめた振る舞いで、多くのことが相互にわかります。

## 触覚的なふれあいも不可欠

鳥の触覚系のセンサーは、足やクチバシの表面に加えて、羽毛のつけ根の皮膚にもあります。羽毛のない皮膚およびクチバシの表面には、温かさを感じる「温点」と冷たさを感じる「冷点」、痛みを感じる「痛点」、圧力がわかる「触圧点」が存在しています。これらを使ってインコやオウムは、ものにふれたときの感触や温度、鳥にとって重要な風の強さや向きなどを感じ取っています。

家庭において、人に馴れたインコやオウムのかまって、なでて、という主張の強さには驚かされることもありますが、裏を返すと、そうした接触が彼らにとっては必要不可欠ということです。

仲のよい鳥どうしが羽繕いをしあったり、たがいのクチバシを接触させるのと同様のふれあいが、心身の維持にとって重要と考えてください。

十分なふれあいがなければ、心にストレスも生じます。触覚的なふれあいでは、心を安定状態にさせる効果だけでなく、オキシトシンなど人間と同様の「幸せホルモン」も分泌されて、幸福感も感じています。なでている側の人間も、もちろんそうです。

## クチバシと足の裏の感覚

神経が集中しているインコやオウムのクチバシの表面は、温度や圧力がわかるセンサーとして機能していますが、舌の表面にも温度や圧力がわかる神経が指先なみにあり、くわえたりかじったりすることで、味だけでなく、材質ほかのさまざまなことがわかります。

　インコやオウムの足の裏、人間の手のひらにあたる指の中心部にも多くのセンサーがあって感触などの多くのことがわかりますが、そこには高性能の圧力センサーや振動センサーも存在していて、適度な力で枝などをにぎれるほか、わずかな振動も関知できます。オカメインコの一部など、このセンサーが過敏に働く鳥では、感じた振動が心にも作用して、パニックにつながってしまうようです。

インコ・オウムの対向指

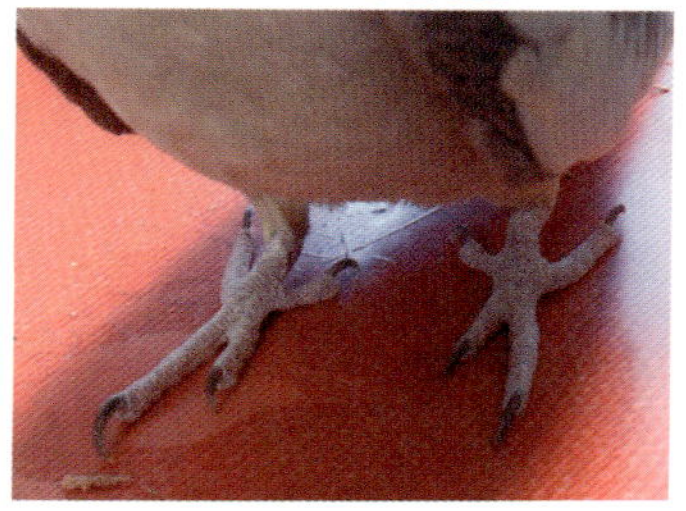

こうした構造により、一般的なスズメ目の鳥よりも、強く枝がにぎれるようになっています。

## 味覚と嗅覚のこと

　食べ物の味は口腔内にある「味蕾（みらい）」という細胞で感じています。

　インコやオウムの味蕾の数は鳥類の中で最大ですが、それでも人間の成人の30分の1ほどしかありません。そのため長いあいだ、専門家もふくめて、あまり味は感じていないだろうと考えられてきました。しかし、実際はそんなことはなく、それぞれの種が生活様式などに合わせた多彩な味覚をもっていることが判明しています。

　インコやオウムは、ペレット、シード、果実類などに対し、これは好き、これは嫌いという明確な主張をよくします。そうした主張ができるほど、味覚は豊かであると考えてください。

　インコやオウムも食べ物を口にする際は、人間のように匂いと合わせて食材を味わっている可能性があります。

　また、自身のヒナや親しい鳥の個体識別にも嗅覚を使っている可能性が指摘されています。今後の研究報告が待たれます。

インコたちも、食材の匂いを感じながら食事を楽しんでいるのかもしれません。

# 発達した脳

## 特別大きな脳

「脳重と体重の関係の図」（次ページ）のように、脊椎動物の中で鳥類と哺乳類だけが特別大きな脳をもちます。

哺乳類の中では、人類が属する「霊長類」がその頂点に位置しますが、鳥類でおなじポジションにいるのが、カラスの仲間と大型のインコやオウムです。

人間は言語をもち、道具を作ったり、使ったりします。「遊ぶ」ことも、人間の大きな特徴とされます。遊ぶ能力もまた、発達した脳と密接に関係しています。さらには、感覚記憶、短期記憶、長期記憶といったかたちの記憶をもち、生活に活かしています。

しかし、ここで挙げたものは人間固有の能力ではありません。比類するさまざまな能力を、鳥たちももちあわせています。

## 発達した脳の意味

専門家の研究により、シジュウカラが意味のある単語をつなげて文章にし、情報を伝えあっていることがわかってきました。ジュウシマツのさえずりにも文法に相当するものが存在しています。

道具を作ったり使ったりする種は、哺乳類よりも鳥類のほうが多いことも事実です。

自作した道具を上手に使う鳥の筆頭は、ニューカレドニアに棲むカレドニアガラス。彼らの群れでは、道具づくりから使用までが「文化」として存在し、若いカラスは大人のやりかたを見て方法を学び、試行錯誤しながら技術を習得していきます。

インコやオウムと暮らしているかたは、彼らが家族の特徴を把握し、見わけに活用していることや、ときに人間も巻き込んで、さまざまな「遊び」をすることを知っています。

人間が脳を発達させたのは、二足歩行になって自由になった両手

**脳重と体重の関係**

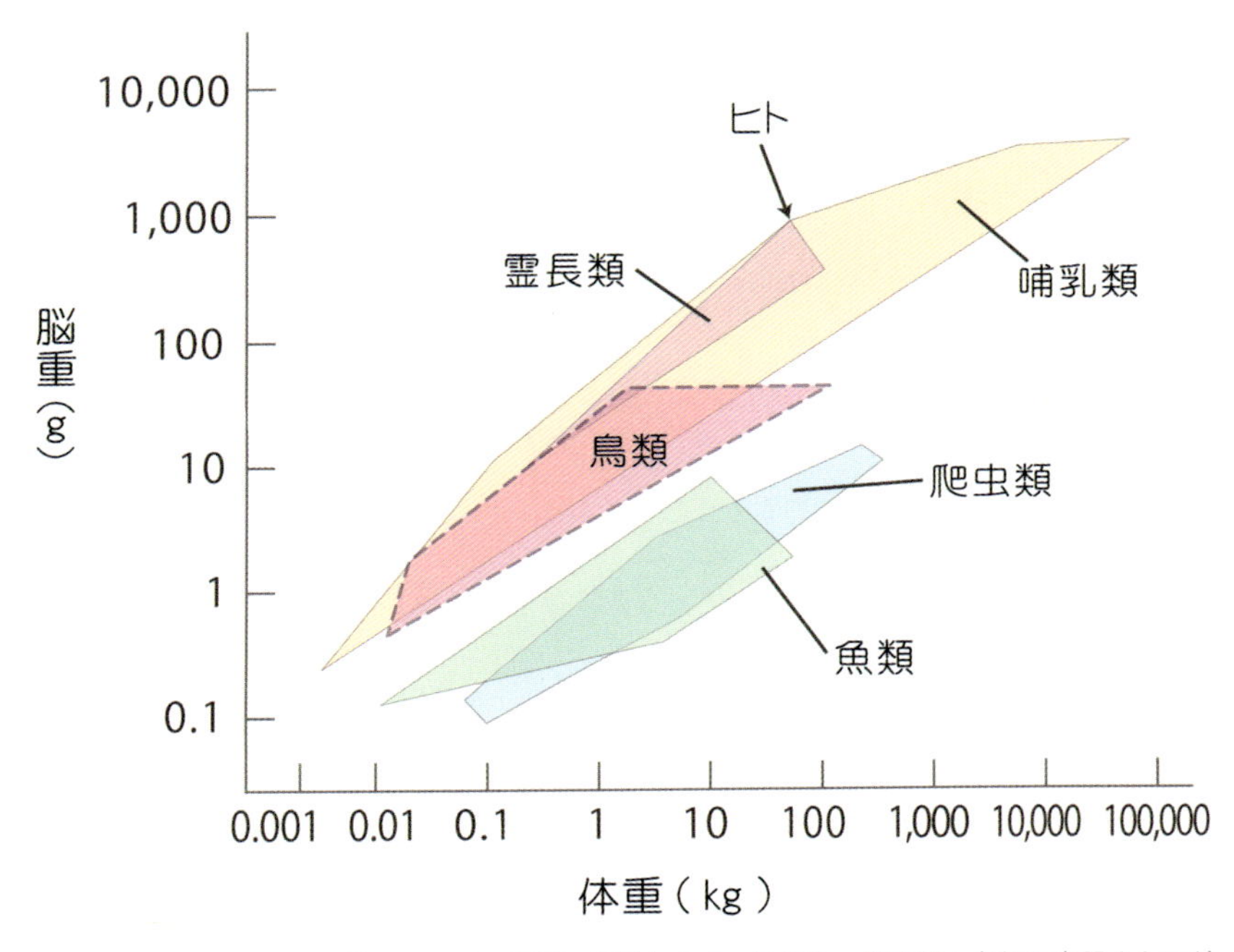


両生類は魚類や爬虫類と同様、図の下の領域に位置します。恐竜は、爬虫類と鳥類の中間くらいだったと推測されています。
Jerison H J, Evolution of the Brain and Intelligence, Academic Press, New York, 1973. より改変

でさまざまな作業をするようになったことが大きいといわれます。インコやオウムは、前後２本ずつに分かれた足の対向指を使って自在にものをつかみ、片足とクチバシを使って人間が両手でするような作業もこなします。

目から得られる膨大な視覚情報を脳内で処理していることや、三次元の中空で体を完璧にコントロールする、鳥としての飛翔が脳を発達させたこと。さらに、趾（あしゆび）とクチバシを使うこうした生活スタイルを得たことが、脳の発達をさらに促したと考えられています。

## ヨウムのアレックスの実力

インコやオウムの知能が、それ

まで人間が考えていたより高いレベルにあることを教えてくれたのが、米国、アイリーン・ペッパーバーグ博士のもとで長年暮らしたヨウムのアレックスです。アレックスは、鳥の知能に関心をもつ人なら知らないものはない、世界でもっとも有名なヨウムでした。

アレックスは1～6の数字と、ないこと（=0）を理解し、三角形、四角形、五角形など5つの形を理解し、ものの材質（紙、石、木など）や7つの色（赤、緑、オレンジなど）をおぼえて英語で言えただけでなく、「赤い鍵はある？」など複数の概念を同時に理解して、その場にある数を言うことができました。存在しない場合は「なし（none：ナン）」と答えることもできました。

特筆すべきは、アレックスが選ばれた鳥ではなく、ペットショップからたまたま迎えられた鳥だったということです。インコやオウムのもつ能力の高さが、ここからもかいま見える気がします。

## 心は発達した脳に宿る

そして、もう一点大事なのが、「高度な脳は高度で豊かな心の動きをつくる」ということ。喜怒哀楽を表現できる豊かな心も、個体ごとに大きく異なる個性も、高度に発達した脳をもっていればこそです。つまり、豊かな「心」は発達した脳が不可欠なのです。

インコやオウムには人間なみの豊かな感情表現能力があります。挙動から、人間的とも思える思考をしていることも感じとれます。

種を超えた深いコミュニケーションができるのも、インコやオウムが高度に発達した脳をもっていればこそです。

# 進化の鍵はクチバシ？

## 進化は回る

恐竜が鳥になったとき、飛翔するために全身の軽量化が必要になり、多くのものを捨てました。歯もそのひとつです。歯をクチバシに変えたことで、噛むための筋肉も不要になり、顔にあった筋肉の大半を失いました。鳥が複雑な表情をつくる能力を失ったのは、噛むための筋肉が表情をつくる筋肉でもあったことに由来します。

スズメやカラスなどが属するスズメ目との共通祖先から分かれた初期のインコ目の鳥たちは、木の実などを割ることに適した鉤状のクチバシを手に入れます。ただし、以前とは形状が変わっても先端の繊細さが失われることはなく、小さな種子の皮を剥（む）くなどの細やかな作業能力は維持されました。

またインコ目の鳥は、かじって巣を整えるなど、ほかの鳥よりも多くのことにクチバシを活用するようになって現在にいたります。

インコやオウムの祖先は趾も変化させ、前後二本ずつの対向指に進化しましたが、これによって趾のグリップ力が上がり、一般的なスズメ目の鳥よりも強く枝をにぎることができるようになりました。同時に、ものをつかんで持ち上げることも可能になりました。

やがて一部の鳥が片足で枝をつかみ、もう片方の足でものをつかんで食べたり、かじったりする「技」を習得。応用が効く生活スタイルだったため、多くの種がこの技を使うようになりました。

それは、二足歩行になって手が自由になり、手や指で道具を作ったり使ったりするようになった人間の進化に似ています。人間が手を使うことで脳を活性化させ、発達を促したように、クチバシを多用し、さまざまな作業に足とクチバシを使うようになったインコやオウムの脳は、ほかの鳥たちよりも発達し、進化の階段を大きく上ることになったと考えられています。

# 翼はなんのために？

## 翼のもつ意味

鳥は空を飛ぶ生き物です。しかし、常に空を飛びたいと思っているというのは人間の思い込みであり、幻想にすぎません。

巣立ったばかりのインコやオウムは、たしかに飛ぶことが楽しそうで、人間と暮らしている鳥でも、部屋をぐるぐる何周もするような飛翔を見せることがあります。思った瞬間に、行きたい場所に行けることも楽しそうです。

「飛ぶ」のは「歩く」よりもずっと速く、あっという間に目的地に着きます。短時間で、より遠くに行くこともできます。野生では敵から逃げる際と食料探しにおいて、翼はとくに重宝されます。猛禽類の襲撃を除けば、空は地上にいるときよりもずっと安全です。

しかし、だからといって永遠に飛んでいたいかといえば、そんなことはありません。飛翔には大きなエネルギーが必要で、飛び続けると疲れるからです。

とくにインコやオウムは、「必要なときには飛ぶ」、「必要のないときには飛ばない」という意識で生きています。もともとの野生の暮らしでもそうですが、人間との暮らしではさらにそれが強まる傾向があります。

人間には「走る能力」がありますが、走り続けると疲れます。毎日、長時間走りたいと思う人は少数です。おなじことがインコやオウムにもいえます。

## インコは歩く

敵がおらず、自力で食べ物を探す必要のない人間の家庭で、インコやオウムは野生以上に飛ぶ必要を感じなくなります。

といっても、まったく飛ばないことは運動不足につながり、結果的に寿命を縮めてしまうこともあるため、同居する人間としては、多少は飛んでほしいと願いますが、飼い鳥が何百メートルも飛び続けることはほとんどありません。

高いところに上がる際は飛ぶ必要があり、危険を感じるなどしてその場から逃げようと思った際も飛びます。しかし、それ以外は歩いても問題ないとインコやオウムは考えます。少しだけ離れた場所や少しだけ高い場所も、人間をタクシーがわりに使えば、使うエネルギーはほんのわずかですむことを彼らはよく知っています。

インコやオウムには、飛ぶことよりも歩くことを好むものも多くいます。

## 日差しの強い時間帯は昼寝

午後2時から4時くらいの時間、多くの家庭でインコたちはまったりと過ごしています。昼に放鳥時間がある家では、そのあとで昼寝をする姿を見ることも多いでしょう。

温帯から熱帯に暮らす鳥が多いインコやオウムは、暑い時期、気温が上がりがちな午後の時間を、安全な日陰でまったり過ごす傾向があります。つまり、あまり活動に適さない時間を体を休めることについやし、無駄にエネルギーを使わない暮らしをしています。野生の生き物はみなそうです。

家庭に来ても、祖先から引き継いだリズムは生きているようで、昼下がりの時間帯は、のんびり過ごしていたり眠っている姿をよく見ます。その眠気が人間にまで移ることがあります。

インコが昼寝をすると、ついつい人間も眠りに……。

# 「声」をつくれる体

## 発声器官の「鳴管（めいかん）」

人間は喉にある「声帯」で言葉や歌をつくりますが、鳥は肺に向かって気管支が二つに分かれる部位にある「鳴管」で発声をします。

声帯を使う人間同様、筋肉の固まりである鳴管をコントロールして、息が通過する断面積を変えたり、震わせたりすることで、音色や声の高さを変えます。おしゃべり上手で知られるセキセイインコは声帯がよく発達していて、そこにつながる神経が多いことが知られています。多くの神経がつながっているほど、細やかに鳴管を動かすことが可能になります。

ただし、鳴管があるだけでは声はつくれません。鳥の呼吸の要である「気嚢」という肺の補助器官の働きが加わることによって、鳥は声を出すことができ、美麗にさえずることが可能になります。

## 気嚢で息を調整

「気嚢」は肺の前後につながった薄い「ふくろ」です。気嚢自体に酸素を取り込む機能はなく、ひたすら肺に空気を送り込むことが仕事となります。

鳴管の位置

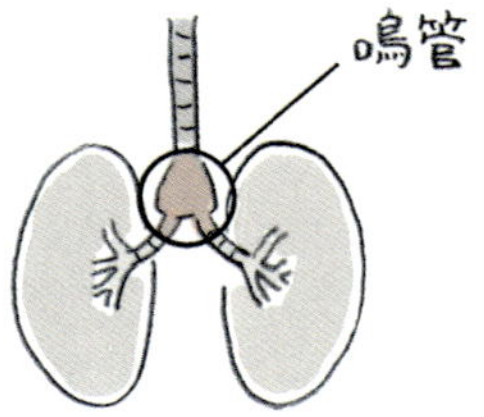

鳴管

種によって鳴管の形状や発達度合いがちがっています。セキセイインコはよく発達しています。

鳥が吸いこんだ空気は、肺をいったん通り抜け、肺の後方にある「後気嚢」に送られます。後気嚢が収縮すると、そこに入っていた空気が肺へと送り込まれます。その際、肺の中の空気は肺の前方の「前気嚢」に送られ、前気嚢が収縮すると口から排出されます。

成鳥では気嚢は体の広範囲に広がっていて、全体で肺に入る量の数倍の空気を吸いこむことができます。気嚢の収縮を急速に繰り返すことで肺を通過する空気の量が増え、肺が取り込む酸素の量が増えます。渡り鳥はそうやって空気の薄い空を飛んでいきます。

## さえずりもおしゃべりも呼吸で

人間は息を自在にコントロールして、話したり歌ったりしていますが、インコやオウムの場合、気嚢の収縮を自在にコントロールして、鳴管を通過する息を変化させて、話したり口笛のまねをしたりします。

さえずる鳥（鳴禽）やインコにとって、息を止めたり、息の流量を変化させるのはごく〝あたりまえのこと〟です。人間もおなじことができますが、息を止めることもふくめ、呼吸を自在にコントロールできるのは、地上の哺乳類では人間だけです。クジラやイルカは息を止めることができますが、それは潜水に不可欠だからです。

人間はこの能力を得て、話したり歌ったりできるようになりました。インコやオウムからすれば人間の歌や発する言葉は自分たちとおなじと感じられ、それも彼らの親近感のもとにもなっています。

ただし、鳥の鳴管は少し特殊で、息を吸いこんでいるタイミングでも声を発することが可能になっています。また、インコやオウムが言葉を話す際は、鳴管だけでなく気道や舌もコントロールして、「言葉」の響きに近い「音」をつくっています。

## 警戒やいらだちの伝達も声

インコやオウムは警戒やうれしさのほか、日常的に「声」で、多くのことを周囲に伝えています。強い怒りやいらだちを感じたときに声が大きくなるのも特徴です。声の調子や音量から、周囲は状況を理解します。インコやオウムは、声の強弱にも感情が乗ります。

生まれながらに大きな声をもつインコが腹を立て、叫んでいるときの声はとても大きく感じます。

# 飼い鳥は野生よりも感情表現が豊か

## 凛々しさという仮面

野生の鳥は、常に凛々しさをまとっています。脳が発達した生き物である鳥には、豊かな心をもつ種も多いのですが、怒りや威嚇の表情を見ることはあるものの、「楽しい」や「うれしい」といった感情が顔や態度に現われる様子は、ほとんど見られません。

なぜなら、常時危険が存在する野生では、ちょっとした油断が命取りになることも多く、ストイックに生きることが課せられているからです。とにかく生き延びて子孫を残すことが最重要課題であることから、喜怒哀楽がおもわず表に出てしまうような、やわらかな心で生きることができません。

## もともと鳥は豊かな心をもつ

たとえば、天敵をあまり恐れる必要がないほどの十分な大きさの体をもち、発達した脳ももっていて、適切に食料が確保できる鳥であれば、さまざまな感情が表に現われます。その代表が、いわずと知れたカラスです。カラスは「遊ぶ姿」さえも見せてくれます。

カラスよりもずっと小さな鳥でも、安全安心な環境では心が変化して、もともともっていた心の資質が、行動や表情に現われるようになります。なかでもインコやオウムは「こんなに変わるの?」と思うほどの変化を見せます。いえ、それは変化ではなく、家庭という環境の中で、もともともっていた資質が、やっと表に出てくるようになったということです。

凛々しい野生のヒヨドリ。

# インコは心を隠せない

## どんな鳥よりも感情豊か

ともに暮らすインコやオウムが人間との生活に馴染んでくると、感情豊かな生き物であることを、驚きとともに実感するようになるはずです。

彼らは一羽一羽がはっきりちがうなど、豊かな個性をもちます。近い性格の鳥はいても、おなじ性格の鳥はいません。なにかと向きあったときにどんな行動を取るかも、まったくちがっています（次節参照）。

2章で詳しく解説しますが、人間と同様、それぞれにはっきりとした「好き」と「嫌い」があって、それをストレートに示します。

大型のオウムなどは野生でも鳥どうしで遊ぶ姿が見られますが、小さなオウムやインコは、不安を感じることなく暮らせる人間の家にきてやっと、水を得た魚のように楽しげに遊ぶようになります。

遊びにも個性が見えます。鳥どうしで仲よく遊ぶ姿を見ます。一人遊びを楽しむ鳥もいます。人間を相手に楽しそうに遊び、楽しさやうれしさ、ときに怒りや不満も示すこともあります。遊びの合間のスキンシップも、大切なコミュニケーションです。

人との暮らしに完全に馴染んだインコやオウムは、内にもっているあらゆる感情を飼育者にぶつけてくるようになります。

愛玩される動物を見わたしても、インコやオウムほどストレートに感情を表に出してくる生き物はほとんどいません。それを好ましく感じ、家に迎える飼育者も多いようです。

## 豊かな感情は脳に宿る

繰り返しになりますが、インコやオウムが豊かな感情を見せてくれるのも、発達した脳をもっているがゆえです。豊かな感情のもととなる資質は野生時からもちますが、そこでは開花していません。環境が整ったときに、表に出てくるようになります。

つまり、人間が家庭に迎えるというのは、心の実力を発揮してもらうための「舞台」を用意することに等しいと考えることができます。人間が「自身を家畜化した」といわれる生活環境で、それまで彼らを縛っていた「枷（かせ）」が、人間とおなじように外れるという表現がより的確かもしれません。

## インコは心を隠せない

インコやオウムは楽しさと暮らしやすさを求めて、家庭の中でいろいろ考えて過ごしています。思い立ったときに、頭に浮かんだことを実行しようとします。

とにかくやってみるのが彼らの生き方。そして、実行の瞬間に、そのときどきの感情をストレートに出します。人やほかの鳥になにかを伝える際もストレートです。それは人間の子どもの行動や感情の発露に似ています。

まっすぐに心を伝えられるというのは、甘え上手であることを意味します。それが彼らが愛される理由でもあり、インコやオウムの大きな魅力となっています。

## 隠せないからこそ、行動が予測できる

心を「隠す」という意識がないということは、次の行動が予測しやすいということでもあります。

インコやオウムも人間をよく観察していて、人間の行動の予測もしますが、たがいに予想しあうからこそ成立する「駆け引き」もあります。そして、それを楽しんでいるインコやオウムも少なからずいます。

# 個性豊かなインコとオウム

## 反応に個性が出る

生まれもっての性格（＝個的特性）を「気質」と呼びます。インコやオウムがもつ気質は、相似形といっていいほど人間とよく似ています。それを実感している飼育者も多いことでしょう。

個性は、生来の気質に経験が加わってつくられます。インコやオウムの気質の分類やその詳細は、2章にて解説します。

個性がはっきり出るのは、なにかあったときの反応です。たとえばオカメインコの長い尾を軽く押さえた際の反応については以前、『インコの心理がわかる本』（誠文堂新光社）でも紹介しました。

あるインコは、尾を押さえられると、怒って咬みつこうとしました。これは気の短いインコの典型的な反応です。振り返って「離して」と目で懇願する鳥がいたり、無言のまま動かない鳥、押さえられていることを無視するように前に進もうとする鳥もいました。

なにかの際の反応は、このように変化に富んでいます。さまざまな状況に対して、インコの数だけ挙動にちがいが出ます。反応のバリエーションは無限です。

### 尾を押さえられたオカメインコ

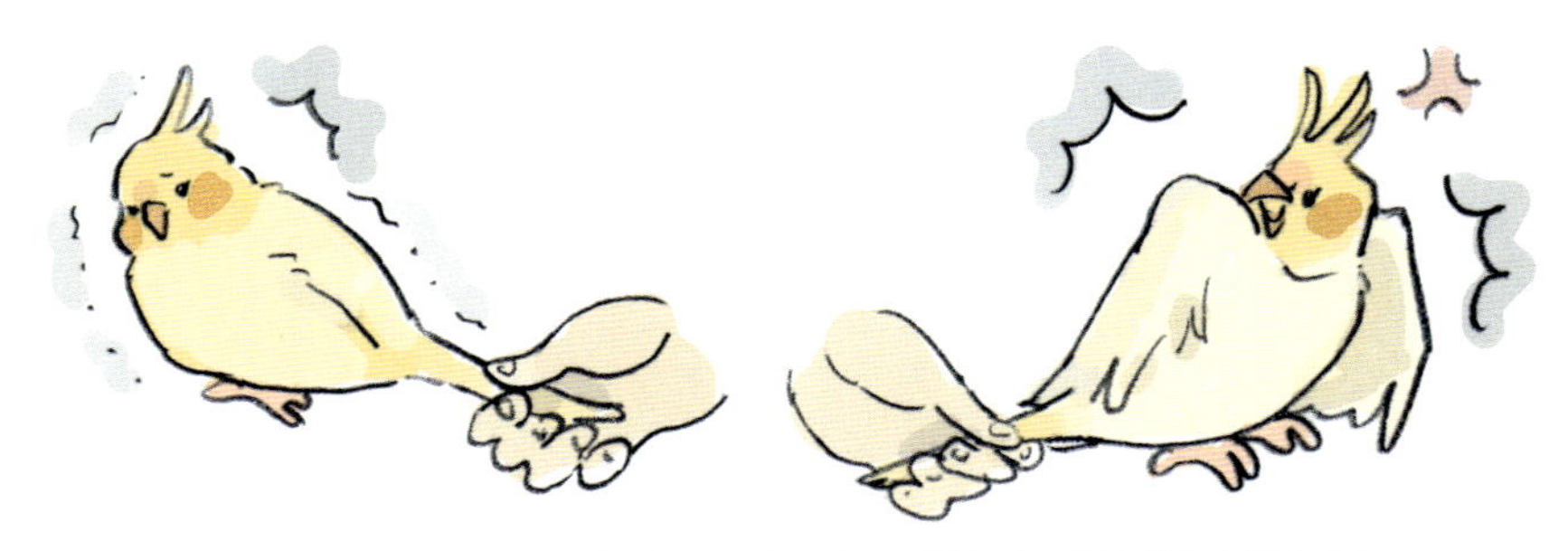

「やめて」と無言で訴えたり（左）、強く怒ったり（右）と、反応はさまざまです。

# 感情が見える場所、感情の現われかた

## 感情があふれる暮らし

うれしい、楽しい、わくわくしている、恐い、腹が立つ、がっかり（失望）、喪失感。

そんな気持ちを抱きながら、インコやオウムは人間の家で生活しています。

彼らはふだんから、さまざまな感情を全身で表現しています。自分の心を隠すという意識が基本的にないため、暮らしてみると早々に見なれて、その時々のおおよその感情がわかるようになります。

人間の子どものように、うれしさのあまり、自然に体が踊るように動いてしまう姿も見ることがあるでしょう。

本節では多くのインコやオウムに見られる基本的な感情の表出について解説しますが、性格によって感情の出やすさや強さなどもちがってくるため、ともに暮らすインコやオウムの様子をふだんからよく観察し、どんな感情のときにどんな表現をするのかつかんでおくことが大切です。

飼い主がそうした訓練をみずからに課すことで、愛鳥の心理が把握しやすくなり、飼い主からも気持ちを伝えやすくなるはずです。

## 感情が見える場所

インコやオウムの感情を知るために注目すべき場所は、「全身の動き（挙動）」、「目・虹彩」、「口元・クチバシの開けぐあい」、「翼の広げかた、上下の動き」、「足どり」、「声」などで、加えてオウムでは「冠羽」も重要なポイントとなります。

ただし、感情は特定の部位にのみに現われるわけではなく、ここで挙げた複数の場所に同時に現われます。たとえば目とクチバシ、翼の上下の動きと足のはこび（ステップ）などです。

なかでも、目とクチバシ、声、冠羽によく感情が現われます。つまり、「顔」全体をよく見ることが大切です。

## 目とクチバシ

「目を三角にする」という言葉があります。人間が怒った際に使われる表現のひとつですが、目に反映されるインコやオウムの怒りも、これに近いイメージがあります。実際に三角形になったりはしませんが、目には鋭角的な怒りが

怒りや不満は声にも出ます。度合いが大きいほど声が大きくなる傾向があります。

はっきりと宿ります。

また、怒りが強い場合、クチバシも大きく開け、絞り出すような声を喉から発することもあります。このような感情表現において、目とクチバシはだいたいいつもセットになります。

鳥との暮らしに慣れてくると、大きく口を開けた「怒りの顔」をしつつも、目があまり怒っていないケースがあることにも気づくはずです。そして経験から、「今の怒りはポーズだな」とか、「ただの威嚇だな」と察することも増えてきます。

鳥は進化にあたって顔にあった筋肉の大部分を捨ててしまいましたが、「目」を開け閉めする筋肉は残しています。眼球を動かす筋肉ももちろん顕在で、目の前のものをよりはっきり両眼で見たいときは、「寄り目」にすることもできます。飼育されている鳥の目をとりまく表情は、人間が思う以上に雄弁です。

## 基本の表情

次ページに、よく見る「インコの表情」を掲載してみました。眠い、気持ちいい、怒っている、少しとまどっている、期待しているなどです。セキセイインコの例ですが、ほかのインコやオウムでも近い表情になります。

よいことを期待しているときは、わくわく感が強くなり、表情が明るくなります。しかし、期待が大きければ大きいほど、それが満たされなかったときの失望も増

すことになります。

落ちこんだ人間のような、がっかりした表情になる鳥がいる一方、失望が怒りに変わって目の前の人間に咬みついたり、無関係な第三者（人や鳥）を八つ当たり的に攻撃することもあります。

こうした表情に加えて、おびえ、不安、戸惑い、なども目に現れますが、飼育している人間でもなかなか把握しにくいものもあるようです。

どんな感情なのかよくわからないときは、いまどんな感情でいるのか想像する習慣をつけてくださ

よく見る「インコの表情」

い。そして、その後の行動から、その想像が当たっているかどうか確認してみてください。その習慣は確実に、「インコ・オウムの気持ち」に対するあなたの理解を向上させます。

## 目の状態とまぶた

恐怖も不安もなく、落ち着いているとき、インコやオウムの目は丸く見えます。それがふつうの状態です。虹彩も安定しています。

人間において、「恐怖に目を見開く」という表現がありますが、恐怖に接したインコやオウムもそうなります。ふだんほとんど見えない白目の部分が黒目の周囲にわずかに見えたりします。

虹彩がぎゅっと絞られているのは興奮のしるし。ヨウムやセキセイインコなどで、そうした目を見ることがあるはずです。

恐いけれど正体を確認したいなど、心にある種の葛藤があるときは、虹彩が縮んだり戻ったりします。期待にわくわくしている鳥でも、そうした虹彩を見ることがあります。

眠くなるとまぶたが下がってきます。これも人間とおなじです。本当はもう眠いのに、ほかの鳥たちより早くケージに戻されるのがいやで、必死で眠気を抑えているにもかかわらず、頭がこっくりこっくりと動き、小さな子どものように「舟をこいでいる」様子を見ることもあります。こんなかたちで意地を張るのも、インコやオウムにはありがちです。

なお、一部のアキクサインコのように、ふだんから完全な丸ではなく、少し眠そうな目をしている鳥もいます。これは病気ではありませんが、オカメインコほか、ふだんはほぼ完全な丸い目をしている鳥が、まぶたが重そうな顔をしている場合、体調不良か老化の可能性もあります。そのため、早めに鳥の獣医師に診てもらうことを

眠そうなセキセイインコ。

勧めます。とても大事なことなので追記しておきます。

## 低い位置から見上げる「威嚇」

おびえているとき、インコやオウムはその気持ちを隠そうとします。自分の「弱さ」をまわりに知られたくないからです。

そんなとき、鳥や人間相手の場合、怒りのような顔をしてクチバシを相手に向けます。ただし身は低くして、低い姿勢から相手を見上げるような目になります。これが「威嚇」する姿です。恐いという気持ちを悟られないように、内心はびくびくしています。

威嚇の際には大きく口を開け、クチバシを突き出すようにしながら相手に舌を見せます。

相手もおなじ表情を返すと、まれにケンカに発展することがあります。人間がなかば冗談で、おなじように口を開けて舌を突き出すと、本気で怒りを感じて襲いかかってくることもあるのでやらないようにしましょう。インコやオウムには「冗談」という概念は存在しません。

威嚇するオカメインコ

多くの場合、威嚇には、相手にその場を去ってほしいという願いがこめられています。

## 冠羽の動きを見る

冠羽はオウム科の鳥のみがもち、インコにはありません。オウムの仲間であるオカメインコももちろん冠羽をもっています。

冠羽がぺったり寝ているのは心が平穏である証。うれしさや心地よさを感じている際も同様です。恐いことも興奮するようなこともないとき、オウムの冠羽は立ちません。

恐いと感じたオウムは、冠羽が立ちます。大きな楽しみを感じているときや興奮しているとき、オウムの冠羽は立っていたり、上下に大きく動いていたりします。

心に惑いや逡巡することがあって立ったり戻ったりしているケー

冠羽が立っているオカメインコ（左）とタイハクオウム（右）。

スもありますが、大型のオウムの場合、楽しさを満喫していたり、うれしさなどによる興奮が抑えきれなくなった際も冠羽が大きく動くことがあります。

## 喜怒哀楽の中心は挙動

インコやオウムの中には、うれしさのあまり踊るようなしぐさを見せる鳥もいます。大型の場合、冠羽と全身の羽毛をふくらませるようにして、体を前後や左右に大きく動かすこともあります。いわゆる「ヘドバン」をするように、頭を前後に動かす鳥もいます。

恐いと羽毛が体に引きつけられて、体全体が細くなったように見えます。ちょっとだけ恐いとき、足の位置はそのままで、体を後方にのけ反らせることもあります。床にいる場合、ゆっくりあとずさる姿を見ることもあります。

心から恐かった場合は、助けを求めるよう叫び、文字どおり人間の懐に逃げこんだりもします。

## 声が大きくなるとき

インコやオウムにとって声は感情表現上の重要なアイテム。強い不満があったり、腹を立てている人間の声が大きくなるように、大声は不満や怒りの反映として発せられることも多いのですが、もともと声が大きい中型や大型の種の場合、楽しさがあふれて、歓喜の声が大声になるケースもあります。彼らの声も感情の大きさに比例する傾向があります。

# インコとオウムの名称と分布

## オウム科は少数

インコ科の鳥が南北アメリカからアフリカ、アジア、オセアニアの広い地域に分布するのに対し、オウム科はフィリピン南部からニューギニアにかけての東南アジアの島嶼部とオーストラリア大陸、オセアニアのソロモン諸島など、狭い地域に集中しています。

インコ科が300種以上を数えるのに対して、確認されているオウム科は21種。インコ科のおよそ15分の1の数です。

かつての日本では大きな体のものをオウム、小さな体のものをインコと呼ぶ慣習があったことから、オウムの仲間のオカメインコに「インコ」の名がつくなど、逆転現象も起きました。頭部に冠羽をもつこと、羽毛に構造色をつくる微細構造がなく、青や緑や紫の鳥がいないことなどがオウムの特徴として挙げられます。

タイハクオウムやキバタンなどのいわゆる白系オウムが多い中、黒いヤシオウムや灰色とピンク色のモモイロインコなどがそこに含まれています。

「バタン」と名がつく白系オウムが多いのは、江戸時代に欧州で唯一交易を許されていたオランダのアジア貿易の拠点がバタヴィア（現ジャカルタ市）にあったためで、「バタヴィアのオウム」からバタンが定着し、オオバタン、コバタンなどの名が誕生しました。

コンゴウインコなど中南米産の大型のインコの名前が「インコ」なのは、明治以降に日本に渡来したため、古い慣例が踏襲されなかったことが理由です。

オカメインコは世界最小のオウム。

Chapter

2

# 成長とともに変化する心

# 鳥の成長は速い

## 体の成長

インコやオウムはヒナから育てなくても、ちゃんとなつきます。

「幼すぎるヒナの販売は好ましくない」という世の批判があったこと、子育て上手な親の場合、少し長く育雛をまかせたほうが健康で体格のよい子に育つ可能性が高くなることが知られてきたことなどもあり、かつてのような生後2週間ほどの幼いヒナが販売されることは減ってきました。

とはいえ、挿し餌の時期のヒナには特別な魅力もあることから、そうしたヒナを求める人々に向けて、今も多くのペットショップで誕生から数週間のヒナが売られています。

## 大事な成長期

かわいらしさだけが注目されがちですが、小型~中型のインコにとってもっとも重要なのが、成長期まっただなかのこの時期。誕生からの数カ月です。この期間とどう向きあうかで、寿命をふくめ、その鳥の一生が決まるといっても過言ではありません。

成長過程の鳥はとにかく必要な栄養をしっかり取り、できれば一口でも多く食べてもらって、よく眠ること。それが体にとってきわめて重要です。自然界のあらゆる親鳥はこの時期、ヒナの体を成長させることに全力を注ぎます。倒れそうになっても、ヒナのもとにエサを運び続けます。実際に心臓発作などで亡くなる親もいます。

人間を見上げる幼いヒナ。

一方、家庭では、かわいいからと遊びたがったり、写真を撮ることに集中するあまり、もっと食べたい鳥の気持ちを削いでしまい、途中で食べることをやめてしまうヒナもいます。本末転倒です。

それは短命への道であり、安定した心の成長からも遠ざかる道です。つまり寿命と、将来の幸福度が減ると思ってください。

人間にとってはただの1日でも、小さな鳥の体には人間の1〜2週間に相当する時間です。人間が20年かけて成長する時間を、小型・中型のインコやオウムは、わずか数カ月で駆け抜けます。成長速度が人間とまったくちがうことを理解してください。どうか、成長を妨げないでください。

この時期のほとんどを食べて眠ること——体の成長に費やしたとしても、その子はちゃんとあなたを好きになってくれます。健康な鳥に育てば、その先10年、20年と楽しく過ごすことができます。

## インコ・オウムの心の成長

挿し餌が終わったくらいが、野生でも巣立ちの時期。この時期になったら、疲れすぎない範囲で、いっしょに遊び、ともに楽しいことを探してください。そこから約半年間（大型の場合は数年間）が世界を広げる期間です。

なかには仕事が忙しくていらだっている飼育者もいるかもしれません。それでも怒りやいらだちはなるべく見せず、静かな心で、ゆったり接することが肝要です。

人間の感情はインコやオウムに伝わり、知らず知らずのうちにその影響を受けるからです。大人になった鳥の精神に、不安定な部分ができかねません。気持ちを穏やかに保つ努力をしつつ、楽しさやうれしさを、行動とスキンシップで伝えてください。

それができれば、ヒナ換羽が終わって成鳥になったころには、人間と鳥、大人どうしのよりよい関係を築くことができるでしょう。

少しずつ認知が広がってきた鳥には世界（＝家の中）を見せ、楽しみを与えてあげてください。

# 生まれもっての気質と個性

## 発達心理学

「発達心理学」という学問があります。発達心理学は、育児経験のあるかたには馴染みの言葉かもしれません。

かつて発達心理学といえば、生まれた子どもを上手に育てるための学問という位置づけで、育児書などの基盤にもなっていました。

しかし現在は、「胎児から老いの域に入るまでの人間の生涯において、心はどのように変化、成長していくのかを理解し、成長に寄り添うための手助けとなる学問」という位置づけとなり、「生涯発達心理学」とも呼ばれています。

人間のための学問として始まった発達心理学ですが、実は生まれた直後の鳥の性格や、その心の生涯的な変化の理解にも応用が効くものとなっています。

## 鳥にも応用できる

次ページに掲載したのが、人間の子どもにおいて指摘される9つの「気質」です。気質とは「生まれながらにもつ個的特性」を指す言葉で、簡単に言うなら、性格のベースに相当するものです。

分類された気質を眺めると、ともに暮らすインコやオウムに当てはまるものがいくつも見つかるはずです。

鳥が老化した際の心理面の変化についても、発達心理学から大き

性格は、十鳥十色。

## 【人間がもつ９つの気質】

### (1) 身体の活動性
▶ たとえば１日の中の活発、不活発な時間の割合、身体運動の活発さ

### (2) 生理機能における周期性
▶ 睡眠や排泄、空腹を感じるタイミングなどに関する規則性（規則正しさ）

### (3) 新規の刺激に対する接近や回避
▶ 新しい状況や物事への反応（積極性／消極性）

### (4) 環境の変化に対する順応性
▶ 新しい状況、環境に対する慣れやすさ

### (5) 反応の強度
▶ 状況や刺激に対して笑う、泣くなどの反応の現れかたと激しさ

### (6) 感覚刺激に対する敏感さ
▶ どのレベルの刺激で反応するか

### (7) 気分の質
▶ 親和的行動、非親和的行動の頻度（快・不快の感情が表出する度合い）＝機嫌の善し悪しの度合い

### (8) 気の散りやすさ
▶ 外部からの刺激による気の散りやすさ

### (9) 注意の範囲と持続性
▶ ある行動に対する集中できる持続時間と、活動が妨げられた場合の復帰のしやすさ

『人も鳥も好きと嫌いでできている』（細川博昭／春秋社）より改変。
※気質とは、人間の行動特徴を形成する生得的な基礎からなる独自の特性や性質のこと（『発達心理学』学文社より）。

な示唆をもらいました。『うちの鳥の老いじたく』（誠文堂新光社）など、筆者は老鳥についての本も書いてきましたが、そこでもこの学問から得たものが大きく役立っています。

## 最初は直感的な判断

多くの飼育者は、最初の出会いの際に「うちの子はこんな性格」と直感的な見きわめを行い、その後もその判断に沿った暮らしを送っていると思います。

いつも楽しそうとか、怒りっぽいとか、嫉妬深いとか。おもちゃを与えてもすぐにあきてしまうとか、なにかかじりだすと楽しくなって延々かじり続けるとか。

尋ねると、「うちの子」の性格をいろいろ挙げてくれます。

ただそれは、最初にふれた際に、いちばん目についた部分から得られたイメージであることも多いため、別の視点で見ると「確かにこういうところもあるね」など、新たな気づきも出てくるはずです。

人間の気質の一覧を載せることで、飼育者の視点だけでは気づきにくい部分にも目が向く可能性があると考えました。

## インコ・オウムの気質

気質のベースは、親からもらった遺伝子にあります。しかし、おなじ親から生まれても、おなじ性格になることはありません。兄弟がみな活発だったり、熱中しがちな性格だったりするなど、一定の「傾向」は見られるものの、それでも細かい点でちがっています。

たとえばインコやオウムにも、家に連れてきてすぐに、そこに暮らす人や鳥に馴染むものがいる一方、なかなか距離をつめられないものもいます。おなじ親から生まれた姉妹でもそう。人間とおなじです。人間でいうところの「世話好き」な鳥が上手くきっかけをつくってくれることで、すんなり家に馴染むものもいます。

楽しいことをいつも探していて、見つかると本当に楽しそうに遊ぶだけでなく、まわりにその楽しさを伝えようとする鳥もいます。

簡単に集中力が切れて、やっていたことを放り出してしまう鳥もいます。困るのはそうした鳥がヒナのとき、テレビから聞こえてきた人の声など、ちょっとした音に反応して、食べなくなることがあること——。とにかくまわりの音を消して、ヒナの集中が途切れないように苦労した経験をもつ人もおそらくいることでしょう。

逆に、集中していると、まわりで起こったことに気がつかなかったり、雑音、騒音がほとんど気にならない神経の太い鳥もいます。

本当に人間の子どもや、人間と人間の関係を見るようです。

## 鳥に当てはまることも

例を挙げると思い当たることがたくさん出てくるように、発達心理学が示す人間の「気質」は、インコやオウムの幼鳥、成鳥にも当てはまることが多く見つかります。裏を返すとそれは、インコたちの理解にも役に立つ学問ということです。

インコやオウムには強い好奇心があります。他社で書いた著作でも指摘したように、彼らの心を評価するにあたっては、「好奇心の強さと興味の対象を確認する行為」を加えて10個の気質にしたほうが、より現実に沿うかたちになるかもしれません。

## 基本的な性格は変わらない

インコやオウムのキャラクター（性格＋α）は、生まれもっての資質に経験が重なってつくられていきます。ただし、おっとりしていたり、怒りっぽかったり、せっかちだったりする、「生まれもっての気質」は生涯変わりません。

つまり、初めて家に迎えた際に感じた「個性」は、そのままということです。出会って最初に模索して決めたその鳥とのつきあいかたは、あまり変えることなく継続することができます。

# 大人に向かって変化する心

## 成長は変化

幼い心と大人になった心はちがいます。性格の本質は変わらなかったとしても、体の成長に伴って心は変化していきます。鳥もおなじです。人間には、ずっと小さい姿のままで、ただかわいらしく見えていたとしても、その中身は人間が思う以上に変化しています。

## ヒナが求めるのは庇護

インコやオウムのヒナは、目も開かず、ほぼ丸裸で生まれてきます。体温を保つこともできなければ、自力で食べることもできません。親や親に代わる存在がなければすぐに死んでしまう、無防備でか弱い存在です。

そんなヒナに本能が命じます。「死なず、しっかり大人の鳥になれ」と。

それがヒナの、唯一にして最大の仕事です。子孫を残し、命をつなげていくためにも、大人の体にならなくてはなりません。

そのためには、巣の代わりとなる安全で安心できる暖かい場所と食べ物、そして命を守り育ててくれる「庇護者」が必要です。

人間の家庭では、庇護者は人間です。もちろん人間も、そのつもりでヒナを迎えています。

ヒナにとっては、食べ物と安全をくれる者なら異種であってもかまいません。大きな体をもつ人間が「親代わり」になると宣言してくれるなら、それでもかまわないと判断します。大人にしてくれるなら問題はないと。

## 幼いインコ、オウムの心中

人間に対するヒナの気持ちは、親鳥に対する気持ちに準じます。「あなたがいないと生きていけない。大人になれない。だから自分を、全力で守ってほしい」

そんな感情です。そこに「好き」という気持ちはありますが、あくまで「親」に対するもの。一方の人間も、性別に関わらず「母性本能的本能」と呼ばれるものが心に湧いて、ヒナに向きます。恋愛感情的な好きとはちがう「好き」が両者のあいだで調和します。

鳥の心が大きく変化するのは、野生でいう巣立ちの時期です。

体が成鳥サイズになり、羽毛も生え揃って体温調節機能も大人に近づきます。挿し餌をされなくても、自力でものを食べることができるようになります。

そのとき、「この人間は自分にとってどんな存在だろう?」という感覚的な問いが彼らの心に生まれてきます。ただしその際も、人間のような凝り固まった意識に支配されてはいないため、自身にとって都合のよい判断をします。

家という小さな群れでともに暮らす仲間と認めたうえで、ゆるく「これは親である」という意識をもち続けるものは多いようです。そうした認識なら、都合よく甘えることもできるからです。

## 理想の押しつけはNG

ともに暮らすうちに、鳥は人間のルールをおぼえ、人間は鳥との暮らし方を学んで、おたがいが距離を縮めていきます。

知らず知らずのうちに心も変化します。とくに人間は、インコやオウムに合わせられるようになります。それは、その鳥の個性に合わせた暮らしを模索し、妥協点を見つけていくことを意味します。

飼い始める前、「こんな子になってほしい」という思いをだれもがもっていたはずです。しかし、相手も意思があり、個性のある大人の生き物。そうそう思いどおりにはなりません。

他人の心を変えることは、ほぼ不可能。それは鳥にも言えることで、ともに暮らすインコやオウムの心を都合よく変えることはできないと思ってください。

# 暮らしの中で好きと嫌いができあがっていく

## 大切な基準

「好き」と「嫌い」は、個々の内にある価値基準です。「好き」と「嫌い」から、どんな価値観で生きているのかがわかります。好きと嫌いは個性の一部となって、それぞれのキャラクターをつくりあげています。

人間もインコ・オウムも、暮らしの中でさまざまなものや相手、状況にふれて価値観を固めていきます。そこで「鍵」となる大きな基準が「好き」と「嫌い」です。

『人も鳥も好きと嫌いでできている』（春秋社）は、インコとオウムの中の「好き」と「嫌い」の形成とそのメカニズムを詳しく解説したもので、本書と併読することで、インコとオウムの心理をより深く理解することができるようになっています。

## 「快」と「不快」から始まる

人間も、インコ・オウムほかの鳥たちも、生まれて最初に感じるのが、「快」と「不快」であることがわかっています。

「快」はそのまま「心地よさ」で、ヒナであれば、あたたかい親の温もりや、その存在感からくる安心感、食事による満たされた感覚とつながっています。「守られている」と実感することも「快」です。

「不快」は、不足する温もりや食事、落ち着かない環境、冷たい風が当たるなどの環境の不備により生まれます。親や親の代わりである庇護者がそばにいないことに

ヒナは「快」——心地よさを求めます。

よる「不安」も、不快をもたらします。庇護者の不在は、本能的な「恐怖」も心に呼び込みます。

つまり、ヒナにとって「不快」の先には、生存に関わる状況があり、置かれた現在の環境が好ましくないものであることを意味します。ゆえに「不快」を嫌います。

不快は不安を呼びます。

## 「好き」と「嫌い」の始まり

心地よいことは「好き」。安全を感じられることも「好き」。暑すぎず、寒さも感じない環境は「好き」。たくさんの安心をくれる親の羽毛は「好き」。親鳥がいない人間の家では、守ってくれる人間が「好き」。安心感をくれる相手が「好き」――。

寒かったり騒がしかったりするのは「嫌い」。恐怖を感じる生き物が近くにいるのは「嫌い」。まして、逃げることも反撃することもできない自分に向かってくるのは「大嫌い」。「恐い」。

不快をなくし、不安をなくし、恐怖をなくした先に「好ましい環境」があります。

それが、インコやオウムが求める世界です。

ヒナの時期に感じたことから「好き」と「嫌い」の核が生まれ、それがもとになって個性を固めていく「好き」と「嫌い」が育ちます。最初の「好き」と「嫌い」をつくるのは本能。経験が次の「好き」と「嫌い」つくります。

成長する過程でさまざまなふれあいがあり、出会ったものすべてが「好き」と「嫌い」と「無関心」のいずれかに分類されていきます。

接点が不足するなどして情報が足りず、判断ができなかったものは「保留」にされ、あらためてのちに「好き」か「嫌い」か「無関心」かに分類されますが、それほど重要ではないものは、あとで判断しようと思ったこと自体、忘れてしまうこともあるようです。

## ベースは「楽」

なにが「好き」でなにが「嫌い」、という判断の基準は個々の鳥の中にあってそれぞれちがっていますが、「インコやオウムに共通する基準」も確かに存在します。

多くの飼育者の体験から見えてきた、インコ目の鳥が共通してもっている「好き」は以下です。

【その1】「楽しいこと」が好き。「うれしさ」を感じることも好き。

【その2】「楽」が好き。疲れることは嫌い、したくない。必要がないなら、飛びたくない。することがないときは寝て過ごす。

【その3】「楽しみ」を生む小さな変化は好き。けれど、環境が変わるような大きな変化は嫌い。↓大きな変化はストレス。

【その4】「平和」が好き。「争い」は嫌い。

こうした共通する「好き」の中に、インコらしさ、オウムらしさが見えます。これが彼らが人間の暮らしに求めるものです。それをおぼえておいてください。

「たまには温泉でのんびりしたい」という人間の気持ち（願望）が感覚として理解できる生き物だということが、ここからわかるでしょう。

## たくさんのものにふれる大切さ

ほかの鳥、ほかの動物といった家の中の生き物、窓の外に見えたり声が聞こえたりした鳥たち、家族や訪問者、家の中にあるもの、起きた出来事、食べ物として口にしたもの、かじってみたもの。

経験によって「人生」がつくられるように、「鳥生」もまた経験によってつくられていき、経験を受けとめることで心は広がりをも

成長する過程で好きと嫌いが増え、価値観が固まっていきます。

ち、変化していきます。

経験することで「好き」と「嫌い」が増えていき、その鳥にとっての認知の広がりと厚みが増していきます。

それぞれの対象に対してどんな判断をするかは、その鳥の心しだい。ある鳥が好きになるものを、ほかの鳥が好きになるとは限りません。それも真実。

なお、「臆病」だったり「慎重」すぎたりする気質をもったインコやオウムは、「好き」か「嫌い」かを確認するために対象にふれるまでに時間がかかったり、まったくふれられなかったりします。

結果として保留が増えて「好きと嫌い」の分類にいたらず、ほかの鳥よりも「好き」と「嫌い」が少なくなる傾向があります。

## 好きにもいろいろ

多くのものにふれて「好きなもの」がたくさんできるほど、世界が色づいていきます。インコやオウムも、もちろんそうです。

補足をすると、「好き」は「ものすごく好き」から「なんとなく好き」までグラデーションになっています。なんとなく好きと思っていたり、とりあえず好き、と評していたものは、よくよく確認した結果、あとから評価が変わることがあります。

一方、これは「大嫌い」、なにがあろうと「嫌い」と思ったものは、「イヤな記憶」とともに深く心に刻まれ、その鳥の中で生涯変化することはないようです。

# 食事へのこだわり

## 味のちがいがわかります

口腔内にある、味を感じる細胞「味蕾」の数は、人間と比べるとかなり少なめですが、インコやオウムの味蕾は鳥類中最多で、当然、味もわかります。わかるだけでなく、インコやオウムにおいては、「味にうるさい」という印象をもつ飼育者も少なくありません。

ペレット、シード、青菜、果実類などに対し、これは好き、これは嫌いと主張する姿が見られます。また、おなじ種子でも、生産地がちがうと微妙に味がちがうようで、食いつきもちがってきます。

人間の味蕾が舌の表面を中心に分布するのに対し、鳥類は咽頭や喉頭など、喉の近くに集中しています。皮を剥いてそのまま飲み込む食生活に由来してそうなったと考えられています。

## 経験が味覚をつくる

人間のように無数の食材があるわけではないため、食べられるものは限定されますが、シード食でも昔に比べて与えられるものが増え、食事のバリエーションは豊かになりました。今はエンバク、エゴマ、キヌア、フォニオパディ、オーチャードグラスなども与えることができます。

中心は変わらず、ヒエ、アワ、キビ、カナリーシードの混合餌。一部鳥種では、麻の実やヒマワリの種も与えることができますが、与えてもよい量は体重や身体の状態などによって変わってきます。

人間がそうであるように、鳥の味の好みも経験によってつくられます。食べたことがあるものは、「好き」「嫌い」「ふつう」などに分類され、好きなものを中心に食べるようになっていきます。

ペレットも同様で、いくつもあるペレットの中から味や食感、大きさなどから好ましく思えるものができ、「好きと嫌い」がつくられていきます。

なんでも食べるようになってほしいと願っても、鳥の好みははっきりしていて、「食べたくない」と思ったものは基本的に食べません。空腹で、ほかになにも食べるものがなくても、絶対に食べない頑固者も多数います。

一度確定した「食の好み」は基本的に生涯維持されます。それでも「老後は胃にやさしい食事を」と、シードからペレットへの切り替えに努力を重ねる飼育者も増えてきました。

食べたくないものは基本的に食べません。

## ペレットを食べない鳥

この十年でペレットをつくる国産メーカーも数が増え、大きさや形状、着色の有無などから選べるようになってきました。

もともとペレットを主食としている鳥は、シード食の鳥に比べ、新しいペレットにも抵抗が少なく馴染みやすいのですが、それでも「これは食べたくない」という拒否は起こっています。

ペレットに関する問題でもっとも大きいのが、ヒナから成鳥の食事に換える際、ペレット食にするのに失敗したという件。

インコやオウムの多くは、人工物のペレットよりも生きた種子であるシード類を好みます。ペレットの利点は、栄養バランスに優れていて、それだけ与えていても健康に過ごすことができること。

老化して胃腸が弱ってきた際も、種子よりも負担の少ない食材と認められています。

ヒナから大人の食事に切り替える際、先に種子類を食べさせてしまうと、多くはペレットを食べなくなり、改善には多くの困難が伴います。なにがあろうと絶対にペレットは食べないという態度を貫く鳥もいます。こうした状況も、彼らがもつ豊かな味覚と、「好きな味へのこだわり」が強く影響しています。

# まず学ぶのは家庭でのルール

## 2つのルール

家に迎えられたインコやオウムが学ぶことは、おもに2つあります。ひとつは人間という生理も思考も異なる巨大な生き物とどう向きあって暮らすか。人間は、人間としての社会のルールに沿って生活しています。そのルールもふくめて理解する必要があります。

もう一点は、その家の1日の生活リズムと、どこに危険があるかをふくめた家の中のものの配置、家での過ごしかたです。

家族の構成、家族とのつきあいかた、鳥やほかのペットが家にいる場合、彼らとのつきあいかたも理解してもらう必要があります。

ただし、ほかの鳥たちとのつきあいに関しては、人間が教えられるものではないので、その鳥自身と先住鳥のその後のつきあいにまかせるかたちになります。

インコやオウムを迎えた際は、この二点を〝的確に〟教える必要があります。とくに家のどこになにがあり、なにが危険なのかは、できるだけ早く理解させなくてはなりません。危険なものに近寄らせないように人間がガードすることも、もちろんです。

家で、どういう行動をしてはいけないのかも理解させます。その際に教えるルールは、厳密でなければなりません。

## 楽しいことをどんどん教える

体づくりを優先させる幼い時期を過ぎたら、ともに遊ぶことをとおして、「楽しみ」を増やしてあげてください。

あれはダメ、これもダメが続くと、人間はイヤになってきます。腐り、いらだちもします。インコやオウムもそうです。

そのため、その鳥にとって楽しいこと、うれしいことを見つけ、増やしていくことが逆に重要になります。

遊びによって気分が晴れるだけでなく、やってはいけないことをしたときに、「こっちのほうが楽しいよ。これをしない？」と代案を与えて気を逸らすこともできるからです。

楽しいことを上書きすることで、やってはいけないことから気持ちが離れ、その先も、「こっちが楽しい。こっちで遊ぶ」などと思ってくれるようになります。

## 我慢を教える

1日の大半をケージで過ごすことにも慣れてもらわなくてはなりません。ケージで暮らすことにストレスを感じ、ずっと外にいたがることは、その鳥のためにも、その家のためにもなりません。

ケージに馴染んでいないと、病気になって安静が求められても大人しくできない鳥になります。通院や入院も困難になり、泊まり掛けで出かける用事ができても、ペットホテルに預けることもできません。なにより、ずっとケージ外で過ごしていると、人間が目を離したすきに思わぬ事故にあう可能性も高まります。

もう一点重要なのが、自分がしてほしいと願うことを、なんでも人間が聞いてくれるわけではないことを理解してもらうことです。いつもそばにいてほしいと思っても、それは事実上不可能です。

人間の場合とおなじで、なんでもいうことを聞いていると、どんどんわがままになって、我慢のできない鳥になります。もちろん、幼いころは「分離不安」から叫んでもしまうインコやオウムたくさんいますが、我慢をおぼえないと、「呼べばいつでも自分のもとに来てくれるわけではない」ことが理解できず、大人になっても叫び鳴きを続ける鳥になる可能性があります。行動に問題がある鳥とみなされてしまうことになります。

幼い時期に我慢をおぼえさせることは、その鳥にとってとても大事なことです。

# 育てかたをまちがえる

## 我慢ができない

叫び、暴れて、わがままを押し通そうとする子に対して、「育てかたをまちがえた」と頭を抱える親もいますが、まさにこの問題が生じます。インコやオウムにも、若鳥のうちに、なんでも思いどおりにはならないこと、つまり我慢を教えることはとても重要です。

思いを通そうと叫んだり咬んだりした際、人間が折れていうことをきいてしまうと、叫べば、咬めば人間はいうことをきくと鳥は学習してしまい、ほかのことについてもおなじ方法で主張を通そうとするようになります。これが「育てかたをまちがえた状況」です。

## 人間の曖昧な態度が問題

まだ小さいから、初めてだから、かわいいから、など、さまざまな理由から人間は鳥を甘やかし、本気で怒らなくてはならないタイミングで叱らなかったりします。

少し時間が経っておなじことをした際に、「ダメ」と強くいわれると鳥は混乱します。前はダメといわれなかったじゃないかと。そして、あくまでダメといわれると腹を立てます。人間の一貫性のない行動が、インコやオウムの心に歪みを残します。

繰り返しますが、「育てかたをまちがえる」のは人間。人間の問題です。必要な時期に、我慢することをおぼえてもらわないと手に負えない鳥になる可能性があることは、これから飼育を始めるすべての人に知っておいてほしいと願います。

心が成長する時期の接し方はとても重要で、それがその鳥の生涯を決めてしまう可能性があることを深く胸に刻んでください。

# 家庭で暮らす成鳥にとっての人間

## ヒナから若鳥へ

若鳥になったヒナは、人間に対する認識を改めます。ヒナのときとは少しちがう「好き」という感情も生まれてきます。

人間は異種であり、巨大な生き物で空も飛べません。人間は鳥ではなく、自分も人間ではないことをあらためて認識します。

それでも、自分も人間も、家庭という名の小さな「群れ」の一員であることに変わりはありません。心が通い合う相手であり、スキンシップのできる相手であることを理解しています。

多くのインコやオウムはその状態にも慣れて、少し変わった群れの一員である自分を受け入れ、認めていきます。

野生とちがい、家庭の群れには「巣立ち」がありません。すべてを庇護してくれる存在ではなくなっても、親代わりであった人間とそのまま暮らし続けます。

少し大人になった鳥にも人間は、ヒナのときとあまり変わらない愛情を向けているようにインコやオウムは感じています。そのため多くは、そのままゆるく親という意識をもち続けるようです。なにかあったら頼るのも、「親」という気持ちが残っていることが影響しているのでしょう。

## 仲間意識と「好き」

家庭で暮らす鳥にとって人間は、おなじ群れの仲間。ただ、おなじ群れにいる鳥どうしでも、たがいに相性の善し悪しはあって、好きでよく遊ぶ相手もいれば、距離を置きたくなる相手もいます。

人間についても同様で、好きと感じた人間とはよく遊び、「かまって」と要求し、人間が応じることで満足感を得ます。もちろん、家の中に嫌いな人間がいる場合もあり、そうした相手とはそれなりの距離感で接します。

成鳥まで自分を育ててくれた人

間には、もちろんそれなりの好意は抱いています。しかし、家庭内や定期的な訪問者の中にもっと好きな人間が現われると別。手のひらを返したように、「この人が絶対にいちばん！」という態度を見せることもあります。

いちばんの地位をもらえなかった飼い主はときに、「自分が育てた鳥なのに……」と複雑な思いをいだいたりしますが、それもよくあること。他者の心に干渉はできません。

## 特別な「好き」が生まれる

性的に成熟し、大人になった鳥の心に、次の変化が現われます。一部のインコやオウムの中に、親に対する「好き」とはちがう好きが生まれてきます。それは、つがいの相手としての「好き」です。

鳥は「好き」という感情をもつことにおいて、心の垣根が低い生き物でもあります。

野生でも飼育下でも、同性が好きになってカップルになってしまう例が無数にあります。体格が大きくちがう異種のインコやオウムが好きになって、必死にアピールする姿を見ることもあります。

最初は戸惑ったとしても、自分の中の「好き」を早々に認めて、「それもあり」と受け入れるのが鳥。つがいになりたいと思った相手が人間だったとしても、最終的にそれを認めます。親代わりだった人間に対して発情してしまうのも、彼らにとってはありえないことではなく、自然の一部です。

メスは卵を産みたくなり、実際に産んでしまったり、産卵が止められなくなるケースもあります。

オスは、独占欲が強まって、どんな鳥もその人間のそばに寄せないように追い払ったり、飼い主が長電話をした際は、通話の相手に嫉妬するように電話をもつ手を咬むこともあります。

# 好きなのは人間？ それとも飼い主？

## 人間が好き

人によく馴れたインコやオウムの心には、「人間が好き」という意識が確かにあります。その挙動から人間を信頼していて、好意をもっていることが実感できます。

家の中に複数の人間がいる場合、インコやオウムには、それぞれの人物像を自分なりに理解したうえで、「好き」の順番ができてきます。いちばん好きな人間がいて、二番目、三番目に好きな人ができるのもよくあること。

鳥の本来の飼い主がいちばんならいいのですが、必ずしもそうなるとは限らないのが動物との暮らしです。

判断がしにくいのが、ひとりと1羽で暮らしているケース。

大型のインコやオウムは、本当に愛情を感じない相手には心を開かないことも多く、「この子はちゃんと自分のことが好き」と確信できているなら、その感覚は信じられると思います。

## 自分が好きだと信じるも

独り暮らしで1羽の小型〜中型のインコやオウムを飼育する人の場合、よく馴れていて、自分を必要としていることが強く伝わってくるので、「自分のことが好き」と確信するかたは多いはずです。

ただそれが、「最愛」という「好き」なのかどうかは判断が難しいところです。「好き」を比べる相手が家の中にいないので、ひとまずあなたが暫定のいちばんという位置づけかもしれません。また、その好きは、「人間が好き」の好きで、「あなたが特別好き」とは限らないということもありえます。

とはいえ、おたがいを必要としていて、愛を交わす生活がそのまま続き、ともに天寿をまっとうするまでずっとおなじような暮らしが続いたなら、それはそれで「幸せな一生」なのだと思います。

# 好奇心は大事な資質

## 好奇心、冒険心は若さの証

インコやオウムの資質として、「臆病なのに好奇心が強い」というものがあります。

好奇心が強く、行動力のある野生種は、生息域を飛び出して、未知のエリアにも足を踏み入れがちです。とくに若い鳥では、いくつかの対象や状況に対して本能的な恐怖は感じるものの、あまり恐い経験をしてこなかったことから、成熟した大人よりも感じる恐怖が少なく、未知の対象にも恐れることなく向かっていきます。

鳥の中には安全重視の保守的な生きかたを好むものも多く、新たな生活圏や新たな食材を見つけることに強い関心をもたないものも多いのですが、インコやオウムは例外のようです。

## 人間の食べ物への執着も本能？

家庭において、若いインコはとくに人間の食べ物に執着し、人間の目を盗んで、食べてみようとしたりします。もちろん、鳥の健康に関して一定の知識のある家庭では、見つけしだい取り上げられるため、その試みはなかなか成功しません。

おなじ群れのメンバーである人間が食べているものは自分も食べられると思ってしまうのは、群れの鳥として、ある意味、自然なこと。その食べ物が美味しそうに見えると、「食べたい」という欲望とともに「どんな味なんだろうか」という好奇心も湧きます。そうし

たことが複合的に重なってクチバシが伸びると推察されます。

ただ、それは、単なる好奇心からの行動ではなく、祖先から受けついだ本能に由来する好奇心——インコ目の分布を広げ、進化を促し、種の数を増やしたものと同質の好奇心からの行動なのかもしれないと考えることもあります。ロマンかもしれません。

## 大人になっても消えない好奇心

ほかの動物とちがい、インコやオウムの好奇心は、大人になっても弱くなりません。関心のあるものにふれたいと思い、実際にふれてみたりかじってみたりします。よくわからないものの正体を確かめたい気持ちも、すべての年齢でもちあわせています。飼育されているインコやオウムが、野生のもの以上の好奇心のかたまりであるのは確かです。

そして、そんな好奇心には失敗がつきもの。家庭は外の世界よりも安全ではありますが、ふと見ると、してはいけないことを始めようとしていることがよくあります。本当に、〝なにをするかわからない生き物〟です。

なお、インコの場合、大きな失敗をしても、ほとんど教訓にはなりません。反省という概念をもたないからです。そのため、何度も繰り返したり、さらに予想外のことを始めたりします。目を離してはいけないというのがインコやオウムとの暮らしの教訓です。

## 好奇心からの失敗

インコ目の鳥たちが、この数千万年という時間の中で、数限りない失敗を繰り返してきたことは想像にかたくありません。好奇心に負けて実行してしまったがゆえに命を落としたインコやオウムも無数にいたことでしょう。

ですが、その好奇心がインコやオウムの脳と心の進化に大きな影響を与えたことは事実で、そうした好奇心が今のインコやオウムを「育てた」ともいえそうです。

好奇心は彼らを彼らたらしめるアイデンティティの一部。大切な資質であり、愛すべきものなのだと思います。

# 自分と似ている相手を好きになる？

### ◆飼っている鳥がわかる

鳥と暮らしている人が集まると、飼っている種類と暮らしかたと鳥の年齢の話によくなります。初対面の人が「〇〇と暮らしています」というと、納得した声が上がり、「そうじゃないかと思いました」という声を聞くことも。筆者も、「オカメインコと暮らしています」と言ったとき、「やっぱり」とコメントをもらいました。

その人の雰囲気が、ともに暮らしている鳥になんとなく似てくるそうです。なので、ブンチョウ、セキセイインコ、オカメインコなどを飼育している人は、なんとなくわかる、といいます。

### ◆イヌでは根拠あり

飼われているイヌの顔は飼い主に似ていて、飼い主の顔も飼われているイヌに似ている——。

こうした研究が実は、日本をふくめた複数の国で行われていて、「事実」と認定されています。テレビのバラエティ番組のコーナーのようなものではなく、専門家によるまじめな学術研究です。

接点のない第三者が見て、飼い主とイヌのペアを当てるという方法で確認され、いっしょに暮らしているうちに、イヌと飼い主は顔つきが似てくると結論づけられました。もちろん初めにその犬種、そのイヌを選んだとき、どこか自分に似たところのあるものを無意識に選んでいる可能性もあります。

### ◆インコやオウムでも？

「この子」とインスピレーションを得てインコやオウムを家に迎えた際、その鳥にはどこか飼い主と似たところがあり、無意識に選んでいるということなのかもしれません。

自分がオカメインコに似ているかどうかはわかりませんが、オカメインコという鳥が、自分の気持ちや生活にあたりまえのように馴染んでいるのは事実です。彼らがまとう空気感を愛しています。

Chapter

3

# 暮らしの中の インコ・オウムの気持ち

# インコやオウムが満足する暮らし

## 慣れた空間でまったり

家庭に迎えられたインコやオウムには、そこで暮らす人間や、鳥をふくむ先住の生き物と、さまざまな出会いがあります。

また、家庭内のどこになにがあるかおぼえたり、行ってはいけない場所を理解するなど、新たな環境に慣れる必要もあります。

新生活は、だいたい緊張から始まります。

人間やほかの鳥については、行動のパターンやキャラクター（性格＋α）を知っていくことで、つきあいかたを定めていきます。

家の構造も、歩いたり飛んだりしながら確認し、おもしろいものと恐いもの、近づきたくないと思うものを知っていきます。

自身と接点をもつことになる人間が信頼できるかどうかの見きわめも大切です。また、家の中に飼い主以外に頼れる存在がいるかどうか、確認することも大事です。

というのも、なにかあった場合、信頼できる人間が文字どおりの「庇護者」となり、まさかの際の「避難場所」にもなるからです。

早々にその家の人間が信頼できると確信したインコやオウムの一部が、飼い主などの肩や頭の上に乗って家の中を探検することもあります。それが、人間の家という空間を知るための最適な方法であることを直感的に理解するからです。

## ふつうがいい

不安を感じず、恐いと感じるものもない慣れた環境で、昨日とおなじような日を過ごすこと。それがインコやオウムが求めるベストな暮らしです。

動物たちは基本的に保守的ですが、インコやオウムはとくにその傾向が強いと考えてください。

鳥も人間もいつものメンバーで、変化のない環境。だいたいおなじリズムで過ぎていく一日。いつもとおなじように遊んでもらうこと。それが、インコやオウムの「幸福」になります。

彼らとって満足度が高い暮らしとは、大きな変化がなく、「ふつう」であること。ふつうに暮らすことの中に「幸せ」はあります。

食べ物がちゃんと出てくることは疑っていないので、それは意識の中にありません。ただし、いつもとちがうペレットや種子、果実などをもらい、食べて美味しいと思うと幸福感が高まります。

ときおりやってくる訪問者をどう感じるかは、鳥によってちがってきます。それを、「日常を彩るちょっとした変化」と受けとめて歓迎する鳥がいる一方、相手に慣れるのに長い時間を要する鳥もいます。ずっと慣れない鳥もいます。

知っている人がときおり部屋を訪ねてくることも日常の一部と感じている鳥にとっては、訪問者と遊ぶことも「ふつう」のうちです。

## 鳥の不満は早めに対応

鳥たちと「よい暮らし」をするには、ともに暮らす鳥たちが満足しているか、不満の中で生きてはいないか、知ることが大切です。

満足度が高い鳥は、行動や表情で「安心」と「平和」を伝えてきますので、飼育者はそれを維持する努力を継続します。

インコやオウムの場合、不都合なことや不満があれば声や行動にそれが出ます。ストレスや不安を感じる暮らしを続けると、精神が不安定になってきます。放鳥時もケージにいるときも、毎日観察して変化を感じてください。

インコやオウムの心は千差万別です。ともに暮らす鳥がどんな性格なのかを把握したうえで、それぞれの満足度を見きわめることが重要です。

「幸せ」は、いつもと変わらない暮らしの中にあります。

# 人間に望む距離

## パーソナルスペースは重要

遊びが大好きで、とにかくかまってほしいインコやオウムがいます。積極的に頭を押しつけ、なでられたい気持ちをストレートに伝えてくる鳥もいます。

一方、人間のことは信頼しているものの、人から離れた場所が好きで、手が羽毛にふれることを極端に嫌う鳥もいます。肩や頭の上には乗るものの、手には乗らない鳥もいます。

長くおなじ家で暮らしていても、人間に対する心理的な抵抗が大きく、垣根をつくるように距離を置いている鳥もいれば、もっと人にふれたい、近づきたいと思いながらも、恐怖が克服できず、ジレンマに苦しむ鳥もいます。

人と暮らしている鳥は、本当にさまざま。それぞれの種、それぞれの個体ごとに、好ましいと思う「パーソナルスペース」があります。それを理解し、尊重する暮らしが飼育者には求められます。

## 距離感も個性

落ち着いて過ごせる距離、ここまでなら許せるという距離も個体によってちがってきます。

同種、異種を超え、性別も超えて、「大好き」と思える相手や、パートナーと認識した相手なら、翼がふれる距離でもイヤとは思いません。積極的にそばに行き、キスもします。

人間の場合も、相手にどんな意識をもっているかで、接近を許せ

大好きな人間に深い接触を許す鳥も多数。

る距離はちがってきます。恋人なら、ゼロ距離もありえます。インコやオウムも、大好きな人間にはべったり寄り添いがちです。

人間が好きで、飼い主のことも好きなのに、飄々（ひょうひょう）とした性格ゆえに、ふだんは独り遊びをしていて、なにかのときだけそばに来る鳥もいます。すべては個性です。

つまり、インコが飼い主や家の中にいるほかの人間に求める距離感は個体によってちがってくるため、どんな感覚で生きているのかを見きわめ、適切な距離を保つ必要があります。

一方、体調によっても望む距離感は変化するため、いつもとおなじかんじで接しようとした際、鳥にいらだつ様子が見えたときなどは、体のどこかに痛みなどの不調がある可能性もあります。

また、病気のとき、心細くなって今日はそばにいてほしいと願ったり、逆になにをされてもいらだちをおぼえて相手を拒絶してしまうことが人間にはあります。同様のことがインコやオウムにもあると考えてください。

べたべたしたつきあいは好まないものの、飼い主が好きでたまらない鳥も、もちろんいます。

## 無理やりは厳禁

インコやオウムが心地よくつきあえる距離も、パーソナルスペースも、その鳥だけのものです。もっと親密になりたいからと、人間から距離をつめようとすることは不可能と考えてください。

無理強いは、かえって嫌われる原因になります。

内心、その人間のことが好きだったとしても、無理な接近が繰り返されることで完全に嫌いになるケースもあります。

# インコやオウムにとって恐いもの、いやなもの

## 恐いものといやなもの

インコやオウムが「恐い」と感じるものの多くは、本能的な恐怖に由来するものです。生来の臆病さから、初めてふれるものも「恐い」と感じます。

「いやなもの」は経験がつくります。そのため、まだよくわからないものや未知の状況は、「いや」の判断が保留されます。自身の内に基準がないか少ないために、判断ができないからです。

なお、人間が感じる生理的な嫌悪のようなものをインコやオウムが感じているかどうかは、まだよくわかっていません。「もの」に対してはあまりなさそうに見えますが、強く忌避する人間がいるのは事実で、それをどう評価するか考える余地がありそうです。

## 本能的な恐怖と経験的恐怖

インコやオウムは捕食される側の生き物。そのため、襲ってくる可能性のある猛獣や猛禽などに対しては、本能的に恐怖をおぼえます。窓の外にネコやヘビの姿が見えたり、カラスやトビが見えて大騒ぎするのも、そうした心理によ

**【恐いもの、いやなもの】**

**本能的に恐いもの、いやなもの**

(1) 自分よりも大きな動物
(2) 人間（とくに大柄な男性）
(3) 窓の外のカラスの姿や声
(4) トビなどの猛禽類
(5) 見たことがないもの
(6) 聞いたことがない音
(7) 鳥の警戒音を彷彿とさせる音（たとえば打ち上げ花火が上がっていくときの「ひゅ～」という音）
(8) 予想していないタイミングでの音や揺れ
(9) 肉体的な苦痛

**経験的に恐いもの、いやなもの**

(1) 過去に感じた恐怖の再現（とくにその相手）

本能的な恐怖は、自身ではコントロールできません。

ります。さらにそうした生き物が自身に迫ってくる姿が見えたときは当然、パニックにも陥ります。

家庭内で暮らすイヌやネコにも恐怖をおぼえますが、自身が家に来る前から飼育されていて、大人しく、人間のいうことをよく聞き、自分に対して害をなすものではないと確信できれば、強い恐怖は感じません。ただし、本能的な恐怖心がとくに強い個体は、その限りではありません。

もともと「恐怖」という感情は「生存本能」がもとになっています。生物の多くは自分を殺す可能性があるものを「恐い」と感じ、死の危険がある状況も「恐い」と感じることで生き延びてきました。初めてふれるものを「恐い」と感じ、一歩引いて見るのは、インコやオウムにとってきわめて自然な反応です。

## 爆音や突然の振動も恐怖

生物以外でも、雷などの大きな音や突然の振動は恐怖の対象になります。とくにオカメインコは地震の揺れに弱く、暗闇の中で地震が起きると、ひどく暴れて出血を伴うケガをするものもいます。

野生の鳥は、捕食者の接近などに気づくと「警戒音」として知られる声を上げて周囲に伝えます。警戒音は、異種であっても「危険を告げる声」として伝わり、耳にした瞬間に「逃げろ」と脳が命じます。ケージ内など逃げられない環境では、警戒音を聞いてパニックを起こし、暴れてケガをすることもあります。

警戒音に準じる音として、花火が打ち上がる「ひゅ～」という音に恐怖を感じる鳥もいます。「ドン」という音と振動が恐い鳥がいるのはもちろんです。そうした音が聞こえてきたときは、窓を閉じたりテレビを消すなど、音源の遮断が必要になることもあります。

なお、インコやオウムは人間の子どものように暗闇を恐れたりしません。ただし、捕食者の多くは闇にまぎれて襲いかかってくるため、暗闇の中で聞き慣れない音がすると、襲われる不安から、胸に強い恐怖が生まれます。

## 理由のはっきりしない恐怖

慎重な生き物ほど、「恐い」と感じるものが増える傾向があります。見て、「恐い」と感じた瞬間に逃げ出すのも自然なことです。

「もしかしたら自分を害するかもしれない」と思う対象にも無闇には近寄りません。たとえば人間の乳幼児は、家庭の中にあって、〝なにをするか予想がつかない生き物〟の筆頭です。

はっきりとした害意を向けてくることがなかったとしても、うっかり「ぎゅっ」とにぎられた場合、小型の鳥では全身の骨折、内臓破裂など、致命的なことになりかねません。無意識の危惧から、低年齢の子どもには絶対に近づかない個体も多く見られます。

日常の暮らしの中、インコやオウムがよく感じているのが、「なんとなく恐い」です。言い換えると、「恐怖は感じないものの、近寄ることをためらうような対象」です。ものだけでなく、人間や初めて出会う鳥や動物に対してもそう感じている様子を見ます。

本能的に人間の乳幼児を避けるインコもいます。

## 踏みとどまって確認？

「なんとなく恐い」と感じた対象に出会った際にどういう態度を取るかは、個体によってちがってきます。ここにも個性が出ます。

対象がものの場合、「1・とにかく逃げる」、「2・その場に踏みとどまったり物陰に隠れながら観察をして、本当に恐いかどうかを確認する」、「3・人間がそれをどう扱うか、どんな意識をもっているか確認する」、「4・恐い気持ちを抑えて触れてみる」などの行動を取ります。背景にあるのは正体を確認したい気持ちです。

なんとなく恐いものは興味の対象になることも多いため、「確かめたい」という感情がわいてくるようです。正体がはっきりして、それが恐くないことが証明されれば、心は一瞬で平常に。そのうえで興味が増せば遊んでみたりします。一方、正体がわかったことで関心を失う鳥もいます。

恐いと感じた対象がほかの鳥や人間なら、「威嚇」もします。それは相手を怖がらせるためではなく、自分が恐いと思っていることを隠すのが目的です。

逃げ出したい気持ちを抑えつつ、クチバシを大きく開けて相手に向けます。オカメインコでは、「ふっ」という息を抜くような音を発することがありますが、これも合わせて威嚇です。実際には、ほかの鳥にも人間にも、内心怖がっていることは伝わっているため意味はあまりありません。

本当に恐いときは悲鳴を上げて逃げます。そのとき、たまたま窓や戸が開いていた場合、そこから外へと逃げることもあります。広い空間のほうが逃げ場が多いという判断ですが、結果的に死につながることも多い悪手です。しかし、パニックを起こした鳥にはそんなことを考える余裕はありません。

迫るセキセイインコが少し恐くてのけぞるオカメインコ。

# ストレスになるもの、なる相手

## さまざまなストレス

鳥にとって、前節で挙げたような恐怖の対象となる生き物が、おなじ空間にいるのは苦痛でありストレスです。

そうした生き物と仲よくさせたいと、家の人間が接触を促してくるのもストレスです。

嫌いと感じる対象につきまとわれることも、大きなストレス。とくに、ここから内側には来てほしくない「パーソナルスペース」を理解しない相手には近寄ってほしくありません。同種や異種の鳥、人間や家の中のほかの生き物、すべてに対してそう感じます。

なつかせたいという思惑から、好きではない人間が自身に干渉してくることは、ストレスを超えた苦痛でもあります。

夏の暑さや冬の寒さ、振動など、環境に起因するストレスも存在します。暮らす部屋が常に騒音に包まれている状態も、心と体を蝕みます。人間とおなじです。

## 孤独は強いストレス

孤独は人間が思う以上の強いストレスです。日本で飼育されているインコやオウムの多くは、もともと群れで暮らしていた鳥。1羽で暮らすことは自身の想定にはないため、同種が家にいてほしい、それが叶わないなら異種でもいいから鳥がいてほしいと願います。鳥がいないなら、せめて信頼できる人間にいてほしいと願います。

仲間の存在が不可欠な生き物であると理解してください。

愛していた相手との死別は、人間の場合と同等のストレスを生みます。また、かつて親密だった人間が心変わりをして無視するようになってしまった場合、精神を病むインコやオウムもでてきます。

完全に無関心になったり、大切だったはずの存在を否定するような変化は、彼らにとっては虐待によるストレスに匹敵します。

# 分離不安が見られるのは成鳥

## 分離不安は大人の症状

「分離不安」とは、愛着をもっている相手やものから離れることで感じる言葉にならない不安のこと。分離不安を起こすのは、人間ではおもに乳幼児で、対象は母親ですが、インコやオウムは成鳥で、対象は人間です。根底には死の恐怖があります。人間の家庭では安全は保証されていますが、それでも不安は沸き起こるようです。

典型的な症状は呼び鳴き。不安が強いと絶叫になることもあります。飼い主の肩の上がもっとも安心できる場所と確信すると、そこから降りなくなったり、歩いたり飛んだりしながら必死に家じゅうをついてまわったりします。トイレや風呂に入っているときも外で待っていたり、「早く出て」といわんばかりに叫んだりもします。

飼い主が外出した際、戻るまで一切なにも食べずに待つ鳥もいますが、これもひとつの分離不安の症状と考えられています。

## 不安に陥りやすい鳥と向きあう

人間のことが大好きで依存心もあるインコやオウムの場合、分離不安の心的な要素は多かれ少なかれ多く鳥がもちます。上手くコントロールして、それが強く出ないように育てることが大事です。

ものごころがつくかつかないかの幼い時期に、家という空間が安全な場所であることを全力で教えてあげてください。時間はかかりますが、どれだけ叫んでも人間がいつも思いどおりには動いてくれるわけではないことも理解させる必要があります。

分離不安は、その鳥がもともともっている資質にも強く影響されるため、完全に失くすことは困難です。ふだんはあまり表にでなくても、なにかあった際に強い不安をおぼえることもあります。

生涯にわたって向きあう必要があります。

# 人間と暮らすインコが怒るとき

## 怒る理由

家庭内で、インコやオウムが本気で怒ったり、相手を攻撃するような事態はあまり起こりません。

仲の悪い鳥や相性の合わない鳥がいたとしても、たいていは鳥たちみずから距離を置きます。いっしょはまずいと飼い主が感じたケースでは、放鳥を分けることもあります。もちろん、嫌いな人間にも近づきません。

家の中で鳥たちが見せる怒りは本気の怒りではなく、ポーズとしてつくった「怒った顔」であり、そこからケンカなど、攻撃に移ることはきわめてまれです。

ただし、鳥の気持ちに配慮できない人間が、その鳥の逆鱗にふれるようなことをした場合と、自身の感情コントロールが上手くいかない発情期に、その鳥が決めた仮想のナワバリに人や鳥が踏み込んだり、ふれてほしくないものにふれた場合は本気で怒り、襲いかかってくることがあります。ただ、そういう事態はまれです。

## 嫉妬も怒りの要因

もう一点、特筆したいのが「嫉妬」です。このあとの節でも解説しますが、インコやオウムには、自分とほかのだれかを比較する心があり、「自分よりもよい目を見ることは許さない」という気持ちももちます。

とくに、大好きな人間からひいきされるのは自分だけでありたいと強く思っている鳥の場合、好きな人間がほかのだれかと楽しげに

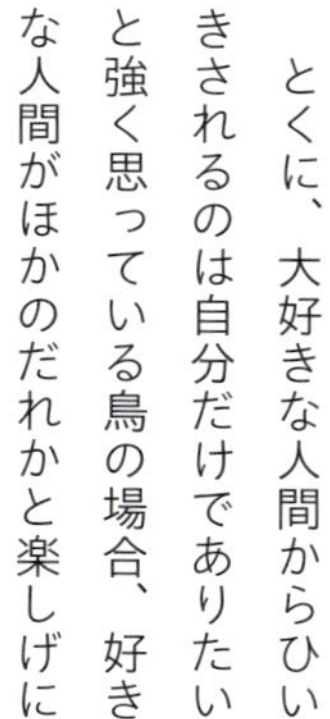

少しだけ怒っているものの、激怒ではない顔。

遊んでいる姿を見ただけで腹が立ち、怒りが湧いてきます。

こうしたケースでは、威嚇抜きで、いきなり攻撃をする様子もよく見られます。ときに、その際の顔つきは「般若（はんにゃ）のよう」と形容されることもあります。

嫉妬に由来する怒りは強く、ふだんならば手加減する相手にも本気で咬んだりします。大好きな飼い主であっても、この状況は許せないと思うと、本気でクチバシを突きたてることがあります。

大きく開けたクチバシは、攻撃するぞ、という警告（右）。

## ポーズの怒りと威嚇

日常の中で見せる怒りの顔は、〝ちょっと気に入らない〟レベルの些細な怒りだったり、「さわるな」とか「こっちにくるな」というレベルの感情で、たいていは本気で怒っていません。

ただ、なにをしても怒らないと思われたくない意識や、弱い鳥と思われたくない意識から怒りの表情を浮かべたり、自分のプライベートな空間に入ってきた相手に対し、怒ったような顔を向けることはよくあります。それは「怒り」ではなく「威嚇」の表情です。

ただし、「威嚇」のほとんどに攻撃の意図はなく、相手をそこから遠ざけるためのポーズです。同時に、怖がっていることが相手に伝わらないようにするためのものでもあります。

しかし実際には、相手にも周囲にも「じつは恐い」と思っていることが見え見えで、その表情が虚勢であることも伝わっています。

実際、あまり意味のないものではありますが、彼らの心に組み込まれた習性であり、インコやオウムには日常的に見られます。

ただ、威嚇されると威嚇で返す鳥もいて、本当は両者ともケンカなどしたくないにもかかわらず、引き際がつかめずに想定外のケンカになってしまうこともあります。

　オカメインコなど大人しい系の鳥の場合、一度両者のクチバシが当たると、どちらともなく「今日はこのへんにしといてやる」という顔で引き分けになることも多いのですが、血の気の多い種では、その後、本気の咬み合いになることもあります。鳥たちの性格からそうした気配を感じたときは、飼い主が介入してください。

## 怒りの表情

　インコの怒りの表情は、クチバシを大きく開けて頭部全体を前に突き出し、ときに軽く小刻みに頭をふってみせます。その際は、下顎を少しだけ前に出すようにしていることもあります。

怒りの表情

　クチバシを大きく開けると、相手にはその鳥の舌が見えますが、舌を見せるのはある種の挑発でもあり、「おまえなんか恐くない。文句があるならかかってこい」という意思の現れでもあります。

　先にもふれましたが、気の短いインコの場合、人間が大きく口を開けて舌を突き出してみせると、それを挑発と受けとめて飛びかかってくることもあります。そうした行為はしないことが無難です。

## 怒りは持続しないが不満は持続

　一般に、インコやオウムの怒りは長続きしません。

　なにかほかのことに気を取られたり、他者に軽く八つ当たりをしたりしただけで消えてしまうことがほとんど。その場から去るだけで消えることもあります。

　一方、生活をしていくうえでなんらかの不満を抱いている場合、不満は問題が解決されるまで消えず、溜め込むうちにふくらんで、それが最終的に大きな怒りに変わることもあります。

コラム

# インコもする八つ当たり

## ◆怒りの行き場

怒りの行き場がない場合、人間はときに人やものに八つ当たりをすることがあります。

たまたま居合わせた第三者」を攻撃するという八つ当たりの行動は、人間だけでなく動物にも見られることが確認されています。こうした行動をするのは霊長類やイヌなど、社会性の高い哺乳類だけと思われていましたが、2018年には八つ当たりをする魚が見つかって世間を驚かせました。

「怒りを感じた相手ではなく、

## ◆もちろんインコも八つ当たり

社会性が高く、知能も高いインコやオウムも、もちろん「八つ当たり」をします。行き場のない怒りをぶつけるのは、なんの関係もない鳥や人間です。ものに当たることもあります。

とはいえ、インコやオウムの怒りは、対象が目の前から消えるとあっという間に霧消し、尾を引かないのがふつう。八つ当たりをした時点で、すでに対象は目の前にいないため、当然怒りは存続できません。

気が晴れると八つ当たりした相手に対しても、いつもの態度に戻ります。八つ当たりされたほうも、すぐにそれを忘れ、いつもの顔に戻ります。こういう点にも、インコの世界の「平和さ」を感じます。あとで思い出して怒りがぶりかえすということも彼らにはありません。

八つ当たりされ、戸惑うインコ。

# 期待すること、期待が裏切られたとき

## 未来予測をします

人間との暮らしに慣れてきたインコやオウムは、経験にもとづいた未来の予測も始めます。

経験は「学習」です。いいことがあったとき、悪いことがあったとき、それと明確に結びつく出来事が事前に何度もあれば、おなじことが起こるかもしれないと思うようになります。人間的な表現を使うなら「予感」がする、ということです。

いちばん簡単な例は「放鳥」。家の外で正午の鐘が鳴ったあと毎日放鳥され、ケージの外で好きな遊びをしたり、人間と楽しく遊んでいたりした場合、家の戸締りなどの確認を始めた人間の行動とあわせて、「そろそろケージの扉が開くかな？」と思います。

## 経験にもとづく「期待」

予想されることが「うれしいこと」なら、わくわくしながら待ちます。「すごくうれしいこと」なら、期待するアクションも大きくなります。人間の子どもが期待して待つ様子によく似ています。

期待して、予想どおりのことが起こると予想は強化され、「たぶんこれが起こる」が「きっと起こる！」に変化していきます。

ただし、経験から予想するのは、よいことだけではありません。「悪いこと」も予測します。帰宅が遅くなる服装、遊んでもらえない状況などがわかると、期待しないで待つことを学びます。

ただし、期待できない状況が一転し、予想外のよいことが起こると、思わずはしゃいでしまったりもします。よい意味で、期待が裏切られた状況を歓迎します。

## 期待する姿

期待しているインコやオウムの挙動は特徴的です。よく見るのが、放鳥前や美味しいものが出てくる

見なれない人でも、インコがわくわくしていることはわかるようです。

ことがわかったときに、とまり木の上で踏んでいるステップ。その際は、キラキラした目で人間を見ます。期待が瞳に宿っているのがわかります。長くインコやオウムと暮らしてきた人は、その姿を見るだけで幸福が感じられます。

## 失望後の行動

予想が外れることもあります。期待は必ず満たされるわけではありません。

人間同様、インコやオウムも期待が満たされないと失望します。期待が大きければ大きかったほど失望感は大きくなります。

人と暮らす鳥は自身の気持ちを隠せません。心にある感情がそのまま表に出ます。よく見る反応は「怒り」です。期待が裏切られたことに腹を立てます。「残念」という感情が全身ににじみ、落ち込んだ様子が見える鳥もいます。

失望を感じた際の行動は、まさに十鳥十色。基本性格によってまったくちがっています。

インコやオウムは切り替えが早く、なにかあってもその気持ちを長くもち続けることはありませんが、失望からの怒りがなかなかおさまらない鳥もいるようです。

そうしたケースでは、なにかをかじって気をまぎらわす、食べて気を落ち着ける、などする一方で、なにかに「当たる」ことで気持ちを発散させることもあります。ものにあたるほか、前ページのコラムのように、まったく関係のない第三者に八つ当たりすることもあります。そうすることで気が晴れ、怒りが忘れられるようです。

ただし、失望の根本原因が人間にあり、何度も失望させられた場合、その人間に対する不信が高まって印象が変わることもあるので要注意です。

# 嫉妬と比較する心

## 自分と他鳥（他者）

インコやオウムは、「自分」が「自分」であることを知っています。自分以外の鳥が自分とはちがう意識をもって暮らしていることも知っています。

自分と自分以外の存在を理解し、比較する心をもちます。

その家にいる複数の鳥が飼い主に対して「好き」という感情をもっている場合、自分がその中のいちばんでありたいと願うのも自然なことです。

通常、飼い主は先住の鳥の気持ちを優先し、不満を感じさせないように暮らします。もちろん、そうしたことはなんとなくわかってはいるものの、自分に対して意識を強く向けてほしいと願うのも、人と暮らす鳥としてごくあたりまえの願いです。理屈ではありません。

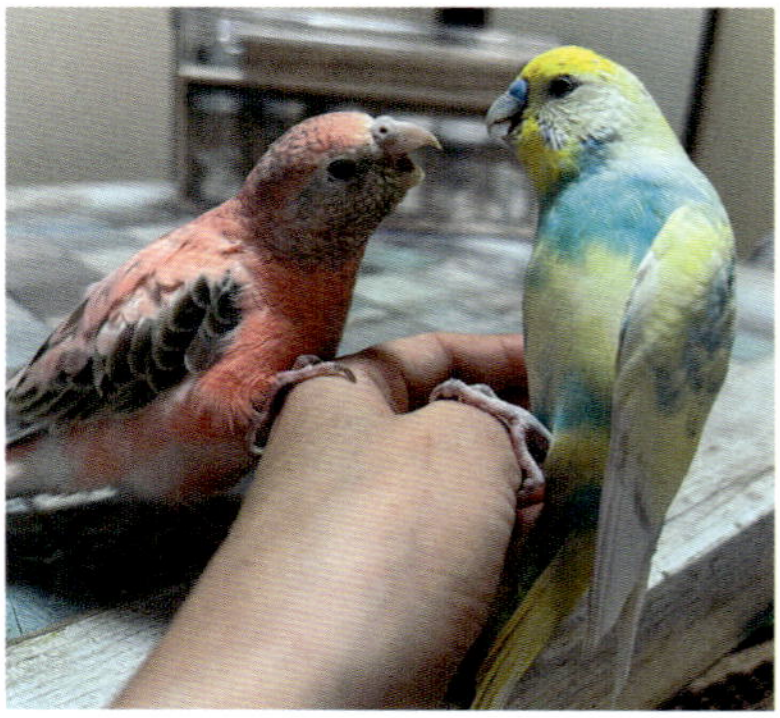

複数の鳥が家の中にいて、放鳥中に順番になでられているとき、直前まで自分がなでられていたとしても、今、なでられている鳥を見て腹が立つこともあります。

「その子はもういいから、もっと自分とふれあって！」という気持ちが心の内に生まれたりもします。嫉妬が生む攻撃的な衝動が抑えられなくなる鳥もいます。

## 自分よりもよい目は許さない

自分がいちばんでありたい鳥は、見えない部分の差別や区別にも敏感です。たとえば、ほかの鳥のケージの中に自分のケージにはないおもしろそうなおもちゃがあるかどうか、特別なエサをもらっていないか、といったことも気になります。

　放鳥中、その鳥がお気に入りの場所で遊んでいたり、ほかのだれかと遊んでいるときが「調査」のチャンス。相手がこちらを見ていないことを確認したのち、こっそりその鳥のケージの中に入って中を見まわし、エサ入れの中のシードやペレットを実際に食べてみたりもします。

　ひととおり確認して、自分のところと変わらず、その鳥が「自分よりもよい目を見ていない」ことがわかれば満足。心が満たされた鳥は、いつもの暮らしに戻ります。チェックした相手とも、いつものように遊んだりします。

確かめて安心する気持ちもあります。

## 許さない気持ち

　それでもいちばん問題になるのは、大好きな人間との関係です。

　なでられているほかの鳥を追い払う衝動の根源は、たいていは多くがもつふつうの嫉妬ですが、視野が狭くなるほどの「独占欲」が心にあり、まわりの鳥が許せなくなるタイプの鳥もいます。

　そんな、きわめて独占欲が強い鳥がいる一方、自分がいちばんでありたいと願いながらも、まったく攻撃的にならない鳥もいます。そんな鳥は、相手が満足して去るまでずっと待ち続けることができます。少しだけ押しが強いタイプでは、いっしょでもいいから自分のこともなでて、と手に頭を押しつけてきたりもします。

　一方、「自分は最後でいいよ」という態度で待つことで、ほかの鳥よりも長く好きな人間を独占できることを密かに学習する鳥もいます。ほかの鳥たちが十分満足したあとなら、思う存分独占できるというしたたかな戦略です。

# うれしさの表明、満足の表明

## うれしい、楽しいが大好き

インコやオウムは、うれしいこと、楽しいことが大好きです。

「ラテン系」と呼ばれることもある中南米産の中型～大型のインコのように、鳥のことをまったく知らない人が見ても、はっきりわかるほどの全身表現（翼を使った踊りやジャンプ）でうれしさを表現する種もいれば、飼い主にしかわからないレベルで、じんわり楽しさをかみしめる鳥もいます。

過去の経験から、これからうれしいこと、楽しいことが起こると予感したインコやオウムは、わくわくしながらそれを待ちます。

わくわくしている状態は、「先触れ」のかたちでうれしさを感じている状況なので、そこにももちろんうれしさがにじみます。

## うれしいことは歓迎

インコやオウムは、些細なことから大きなことまで、うれしいと感じられることはなんでも歓迎します。飼い主と遊ぶこともふくめて、楽しいことも大好きです。

うれしい、楽しいは、インコやオウムにとって幸福が感じられる理想の暮らしの一部。ゆえに、日常的にうれしいことを求めます。

自身の気持ちを思い出してもわかると思いますが、「うれしい」と感じるのは基本的に自分。おも

期待感が全身ににじみます。

に個としての感覚です。

それに対し「楽しい」は、最初にそう感じるのが自分だったとしても、他者との共有が可能です。だれかと共有することで、楽しさがさらに大きくなることをインコやオウムは知っています。そのため、「みんなで楽しく!」という気持ちを周囲にふりまくインコやオウムも少なくありません。

楽しい表情の鳥たち。

## なにがうれしい？ 楽しい？

うれしいことは、暮らしの中で増えてきます。ほんの些細なことでも、本人（本鳥）がうれしいと思えれば、なんでもうれしいことになるからです。うれしいと思える対象は、インコやオウムが望む暮らしができていれば、日々の生活の中で確実に増えていきます。そしてそれは、鳥にも人間にも潤いになります。

楽しく遊べてうれしい。好きな人が帰宅してうれしい。朝起きたときにいつものように声をかけてくれたことがうれしい。美味しいものが食べられてうれしい。新しい出会いがうれしい。幸せそうな飼い主が見られてうれしい。

本鳥がそう思えば、本当にどんなことでもうれしいことになります。

また、楽しさを感じることは、インコやオウムの種としてのアイデンティティの一部と考えてください。反応を見ながら、鳥と鳥、鳥と人のあいだで「楽しさ」を増やしてあげてほしいと思います。

## うれしさ、楽しさの表現

うれしいとき、楽しいとき、体は勝手に動きます。あらためて解説するまでもなく、顔つき、挙動をふくめて見て、「うちの子はうれしそう」と直感できたなら、その鳥がうれしさを感じていると思ってまちがいありません。

# 眠くなったインコやオウム

## 鳥の眠りの特徴

人間も鳥も眠ります。生物にはなぜ眠りが必要なのか、その理由はまだ十分には解明されていませんが、インコやオウムにも人間にも睡眠は不可欠で、ちゃんと眠れなければ体の不調を招きます。

いまだに不明点の多い眠りですが、哺乳類と鳥類には共通点も存在します。それは、レム睡眠とノンレム睡眠があること。

覚醒とレム睡眠、ノンレム睡眠がある睡眠を「真睡眠」と呼びますが、真睡眠をもつのは脊椎動物の中で哺乳類と鳥類だけ。魚類や両生類、爬虫類にはありません。

レム睡眠があることから、インコやオウムも夢を見ます。

どんな夢を見ているのか知ることはできませんが、この点でもインコたちは人間に近いことがわかります。人間と同様、眠っているあいだに記憶の整理などが行われていると考えられています。

ただし人間は、まとまったかたちの睡眠が不可欠なのに対し、鳥は細切れの睡眠を足し合わせて必要な睡眠時間を確保することができます。進化の中で身につけた特徴と考えられています。

## 眠くなると

長きにわたって鳥は、夜明けに起きて、日暮れに眠る生活を続けてきました。夜になったら眠るのが自然ですが、人間は日が暮れても起きています。そのため、ある程度の時間になったら眠らせる習慣をつける必要があります。

インコやオウムには眠くなるとクチバシをこすり合わせてギョリギョリと音を立てる鳥も多いため、それが聞こえてくると「おやすみ」とケージのカバーを閉じる飼い主も少なくないようです。

また、夏場は陽が長く、冬場は短いことから、長時間明るい場所にいて睡眠時間が短いままだと、

クチバシを鳴らす音を「幸せの音」と認識する飼い主は多数。

脳が繁殖の季節と判断して体のリズムが崩れてくるといわれます。不必要な発情は命を縮めかねないため、健康的な生活のためにも鳥たちはしっかり眠らせることが重要です。

## 若鳥と老鳥の眠り

インコやオウムの成鳥は、午後の昼下がりに眠っている姿を見ることがよくあります。それは野生から受け継いだ習性です。

しかし、生後数カ月のインコやオウムの中には、昼寝をする様子がまったく見られないものもいます。心配になって鳥を専門とする獣医師に相談したこともありましたが、ものごころがついて世の中に関心をもち始めた遊び盛りの若鳥の中には、そういうタイプもいるので心配はいらないと返答をいただきました。

一方、歳を重ね、老鳥の域となった鳥は人間と同様、睡眠時間が増えてきます。それもまた自然なことです。

## ふつうの眠りと病的な眠り

ただ昼寝をしているのはふつうのうちですが、ケージの外で遊んでいるとき、床などでいきなり眠り込んでしまうことがあったら、それは体に問題がある証かもしれません。それを「かわいい」とただ見ている飼い主もいますが、できれば急いで病院に連れて行ってください。肝機能の低下など、問題が見つかることがあります。

# 気持ちのたかぶりが声に出る

## 声が大きくなる理由はおなじ

遊びに対する熱中度が高まったとき。なにかあって興奮しているとき。ひどく腹を立てているとき。強い不満を感じたとき。強く主張したいことがあるとき。人間は声が大きくなります。

インコやオウムもおなじです。ふだんあまり声の大きくない鳥が大声になった場合、前記のような理由があると考えてください。

喜びのあまり大声になっているケースは、まわりに迷惑にならないのならそのままでもかまいませんが、怒りや不満で大きくなっている場合、問題を解決する努力が飼い主には求められます。

## さらに声が大きくなるのは

興奮して声が大きくなっている人間がさらに興奮すると、手振りなどのアクションが大きくなると同時に、声もさらに大きくなるのがふつうです。おなじことがインコやオウムにもいえます。

怒りについても、声の大きさの変化は怒りの度合いに比例することが多く、どんどん声が大きくなっていく場合、怒りが増していることを意味します。必ず理由はあるため、それを理解し、気持ちをなだめるような対応が必要です。

怒りで声が大きくなった際、あわせて地団駄を踏むような挙動を見ることがあります。こうした姿にも人間との近さが感じられます。

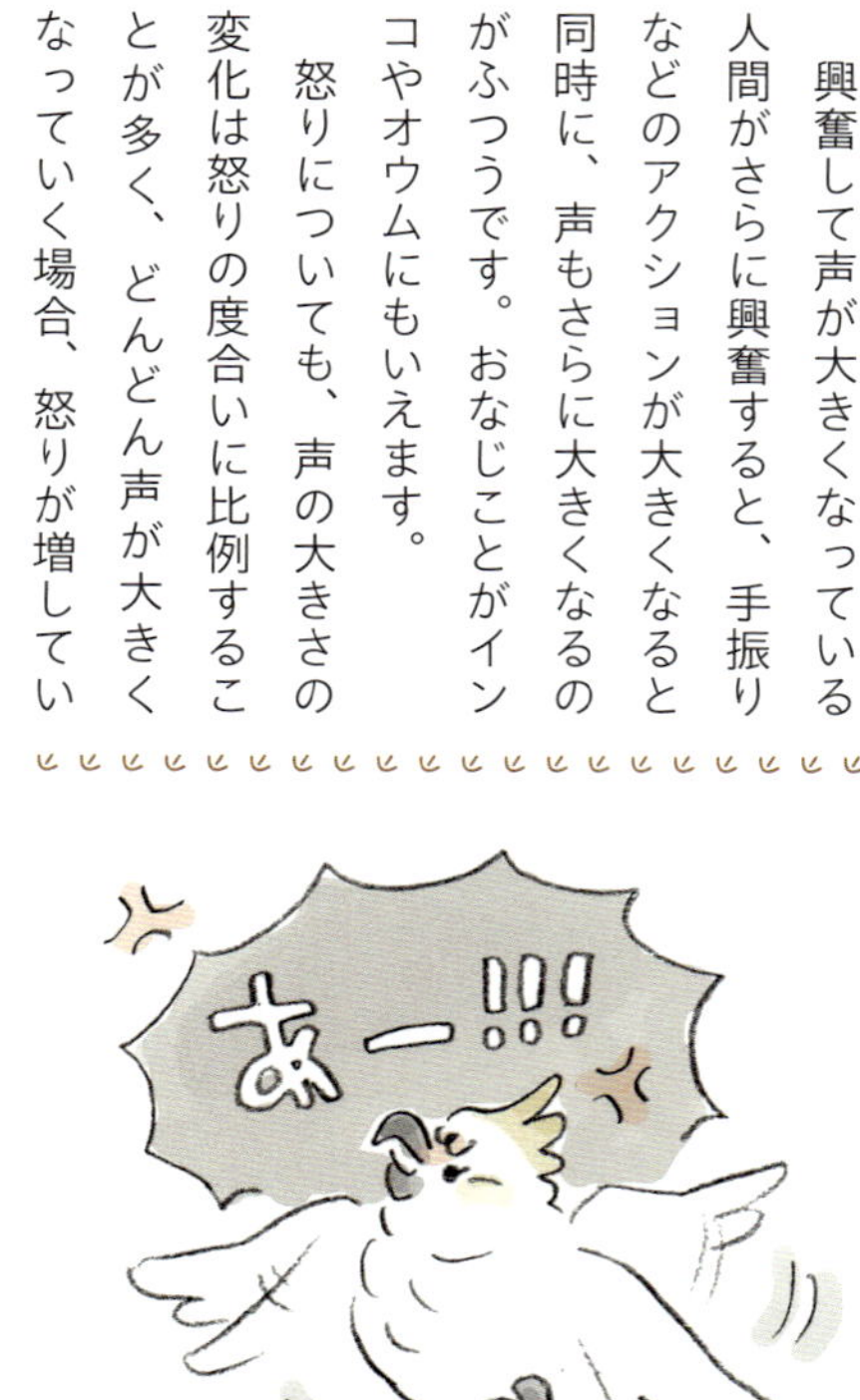

# 悲しみは感じる？

## 喪失感？　さびしさ？

インコやオウムにも、人間のような「喜怒哀楽」があります。

飼育者は、彼らがもつ「うれしい」という気持ちや「楽しい」という気持ちを日々目にして、そこに幸福感もおぼえているはずです。彼らが暮らしの中で、楽、享楽、心地よさを求める生き物であることはたしかです。

「怒り」や「不満」もよく目にします。それもまた、彼らの心の一部です。では、「喜怒哀楽」の「哀」はどうでしょう。

彼らに「哀しみ」や「悲しみ」の感情があるかどうかは、じつはよくわかっていません。

長く連れ添ったパートナーを失ったり、何十年も生活をともにした飼い主が亡くなった際には、ひどく落ちこむ姿も見ます。喪失感はたしかにあるのだと思います。

飼い主を失った鳥が、人間でいう「ペットロス」に近い状況になることもあります。最愛の存在（つがいの相手、人間）を失くしたあと、生きる気力を失い、跡を追うように亡くなってしまう例もありました。

インコやオウムが感じる「哀しみ」や「悲しみ」が人間とおなじかどうかはわかりません。それでも、近い感情をいだいている可能性はありそうです。大切に思っていた相手を失うことは、やはり大きなストレス。彼らはそれほどに繊細な生き物です。

悲しみは人間のものと近い？

# 叱られることをわざとする

## きっかけは人間の注意

大好きな人間の関心を自分に向けたいと思ったとき、一部のインコやオウムは手段を選びません。

　ダメといわれることをして人間を怒らせた際、怒っている人間の意識は強く自分だけに向いています。それが脳裏に浮かびます。そのとき彼らの心にあるのは、「よい・悪い」ではなく、自分に関心が向いているという陶酔感だったりします。すべてのインコやオウムがそうだとはいいませんが、そういう鳥も少なからずいます。

## 自分に関心を向けたい

「人間が怒っている＝自分に関心が向いている」と感じた鳥にとって、叱られている時間は至福のひととき。すべての事実を差し置いて、そのときの「幸福感」は記憶に強く刷り込まれます。

　つまり、「好きな相手を怒らせると自分に関心が向く」と都合のよい学習がなされるわけです。

　インコやオウムの行動と人間の子どもの行動が比較されることがよくありますが、これもある意味、おなじです。

一部のインコやオウムで見られる「仮病」も同質のものです。
　以前、具合を悪くしたとき、ずっとそばについて看病してくれたことは強く記憶に残り、具合が悪くなると（＝元気がなくなると）そばにいてくれると学習した鳥は、

自分に関心を向けるために、わざと叱られようとする鳥。

仮病を使ってでも自分に関心を向けたいと思うようになります。

ただ、それには落とし穴もあって、具合の悪さを演出するために食欲のなさを装い、しばらく食べずにいたことで、本当に具合を悪くする鳥もいます。

## すれ違いを認識しない

自分に関心を向ける行為を続けるのは、自分に意識が向いている状況が心地よいというだけでなく、これもまたコミュニケーションのひとつの手段と考えているためでもあります。明らかな誤認ではありますが、その鳥にとっては真実です。

特別でありたいという願いが満たされ、自分が満足しているのだから、きっと人間も満足しているのだと勝手に思い込むケースもあるでしょう。

## 注意を理解していない

好きな人間の関心を自分に向けたいがために叱られることをわざとするインコやオウムは、もとより、なぜ叱られたのかといったことを、あまり理解していません。

実行した鳥には、自分の行動が「悪いこと」という認識がないからです。善悪の基準は人間のものであり、一部はその家のルールでもありますが、なぜそれが自分に課せられるのか、彼らは理解はできません。

自分がしたいことは、思いついた瞬間する。それがインコやオウムの基本行動原理です。その鳥からすれば、いつものように自分がしたいことをしただけなのに人間に止められたという認識です。人間が求めるルールには、その都度合わせる。そういう理解で暮らしている鳥は多数いて、多くの飼育者がそれを理解しています。

# 話、声を聞きたい心理

## 話しかけられることが好き

人と暮らすインコやオウムも、人がもつ数多の概念を理解してはいないので、日々、言葉を交わしていても、言っていることの意味はほとんど理解できません。

それでもオスもメスも、人が好きな鳥たちの多くは、声をかけられると安心でき、うれしさも感じるからです。

「警戒しろ」という叫び（警戒音）と求愛ソングを除いて、鳥が発する声に意味が乗せられていることは、ほとんどありません。そのため人間では、鳥とちがって、声にさまざまな意味がふくまれることが想像できないのでしょう。

家庭に暮らすインコやオウムをふくめて、その多くは人間が声を使ったコミュニケーションはしていても、意味のある言葉のやりとりをしているとはあまり思っていないかもしれません。

それでも、よく耳にする単語の中に意味がある（意味がわかる）ものがあることは察します。自分の名前と、親しい鳥の名前、そして、「おはよう」「寝る？」「おやすみ」「ごはんは？」「出る？（ケージから出る？）」といった、生活の中の重要な単語はかなり理解していると考えられますが、もしかしたら人間が予想する数の数倍は、単語の意味を理解しているかもしれません。

## 理解していると思われる単語

暮らしに慣れた鳥は、次のような単語を理解しているようです。

◎おはよう　↓　朝を告げる言葉。起きようね、という合図
◎寝る？　↓　暗くするよ。もう寝る時間だよ、という合図
◎おやすみ　↓　寝なさい
◎ごはんは？　↓　食べてる？食べなさい
◎美味しい？　↓　美味しかった

ら、もっと食べて
◎出る？　↓　（ケージの）外で
遊びたい？

眠らせようとした際、「おはよう」という言葉を発する鳥もいますが、それは「おはよう」の意味を理解したうえで、飼い主も「おはよう」と返せば、新しい朝が始まってまた遊んでもらえると考えるためです。

なお、言葉の意味は理解できなくても、人間が伝えようとしていることは、口調や声の響き、顔つきや雰囲気などから、ある程度は想像できています。

その際、人間がどんな感情をもっているのかもわかります。だれに向かって話しているのかも理解します。

## 言葉を聞きたい心理

好きな人間が自分に関心を向けることを願うインコやオウムは、その人物から話しかけられることを強く期待します。話しかけられること自体、心地がよいからです。

一方で、関心を自分に向けたいのではなく、純粋に「飼い主の声の響きが好きで、ずっと聞いていたい」という鳥もいます。

顔を近づけたセキセイインコは「なにか話して」と言っているようです。

## 言葉をおぼえたい鳥も

オスのセキセイインコなど、とにかく人間の言葉をおぼえたい鳥もいます。自身の純粋な楽しみとして言葉をおぼえたいと思っているほか、レパートリーを増やすと人間が楽しそうな顔をすることから、好きな人間を喜ばせるために「もっとなにか話して」と耳を傾けたり、くちびるを甘咬みして話を要求することもあります。

セキセイインコの本能として、好きなメスにアピールしたいがために必死におぼえるオスがいることはいうまでもありません。

コラム

# 人間の言葉を話す理由

## ◆話せる体をもつ鳥

すべてのインコやオウムが人間の言葉を話すわけではありません。一部の種の、一部のインコだけが人間の言葉を口にします。

インコが発する「人間の言葉に聞こえる音声」は、気管支の最深部にある発声器官の鳴管や喉、舌を上手く使い、人間の言葉のように聞こえる音を連続して出しているだけで、音声を可視化するソフトウェアを使って調べると、人間の声とはかなり波形がちがっているのがわかります。

人の言葉をまねるには、微妙なコントロールが可能な発達した鳴管が必要なため、それを有するインコやオウムだけが話すことが可能です。

## ◆楽しさと幸福感

セキセイインコが完璧に人の言葉を再現してみせるのは、それができる体と、人の言葉を正しく聞ける耳、聞いた言葉を完璧に記憶できる脳があるためです。そして、なにより重要なのが、その意識のなかに「話したい」という明確な意思があること。ここで挙げたすべての条件が満たされないと、人間の言葉を話すことはできません。

もともとセキセイインコのオスは、野生でも、つがいになりたい／つがいになったメスの声を聞いて、その声そっくりの周波数で鳴くことができるよう、自身を訓練する習性があります。それがメスに自身をアピールし、関係を強化する有力な方法だからです。

セキセイインコに限らず、人の言葉をおぼえて話すインコやオウムには、そうすることが楽しいという意識があります。つまり、話すインコやオウムの最大のモチベーションは「話したい」という意思です。そして、「話すことが楽しい」という気持ちがそれを後押しします。

大好きな人間とおなじ言葉で声を交わしたいと思う鳥もいます。そうすることで、自分の思いを好きな人間に伝えられると確信しています。

Chapter

# 4

# インコ・オウムの意識

# 遊びは本能、遊びたい気持ちの発露

## 発達した脳の持ち主は遊ぶ

発達した脳をもつ生き物に共通する特徴として、「知能をもつ」、「豊かな感情をもつ」などが挙げられます。

加えて、「遊びを生みだす／遊びを楽しむ」こともまた、発達した脳の証とされます。

遊ぶ鳥の代表として、よく例に挙げられるのがカラス。大きな体をもつカラスには天敵が少ないこともあり、野生にありながら楽しげに遊ぶ姿をよく見ます。

一方のインコやオウムですが、大型の種は野生でも遊ぶ姿を見ますが、小型～中型の多くは、家庭という安全安心な環境に迎えられて初めて、さまざまな遊びを楽しむようになります。

そんな鳥たちの中には、一部の人間のように、食べたり眠ったりしている時間以外のほとんどを遊びに費やしているものもいます。

その姿を見ていると、「遊び」は彼らの本質の一部であり、生活と切り離せないものと実感します。

## 安全安心が遊びを増やす

もとより、インコやオウムは楽しいことが大好きです。家庭という安全な空間の中で、もって生まれたその性質は開放され、さまざまな遊びに向かうようになります。

遊びに貪欲な鳥たちは、次から次へと新しい遊びを考え、実行します。人間とおなじくらい、新しい遊びをつくる名人といえます。

一方、安全で食料探しも不要な人間の家庭では、なにもすることのない時間――彼らからすれば〝退屈な時間〟も生まれます。

これも知能の高い生き物に共通することですが、彼らは「退屈」を嫌います。

退屈をおぼえると、ついついなにかをしてしまうのは人間とおなじ。ちょっとした〝いたずら〟も、インコやオウムにとっては遊びのようなものです。

結果的に、そこに新たな楽しみが見つかることもあり、それに対する人間の反応を見るのもおもしろく感じます。そうした状況も、インコたちにとっての日常の一部となっていきます。

## だれかと遊ぶ楽しみ

プロレスのようにじゃれあう仔犬の姿を見ることがありますが、一部のインコやオウムも同様の取っ組み合いをします。

野生の鳥では白系オウムやカラス、南米に棲むハヤブサの仲間のカラカラの若鳥などで見ることがあります。

相手にケガをさせない配慮をしつつ、床で絡み合うカラフルな羽毛は、まさに謎の生き物。そうした遊びも彼らの精神の糧になり、生きる喜びにもなって心を満たすようです。

## 遊びたい気持ちのサイン

ケージにつかまってガタガタと揺らしながら、飼い主を見つめ、期待をこめて叫ぶのは、「出せ、遊べ。出せ」というアピール。

道具やおもちゃで遊ぶことが好きな鳥は、ケージから出るなり、それをくえわえてもってきて、「これで遊ぼうよ。楽しいよ」といわんばかりに飼い主に手渡すこともあります。期待をこめた視線と体全体からにじみ出る圧力に抗えない飼い主は多いようです。

# 人間は遊び仲間？それとも「おもちゃ」？

## 遊びの目的

「遊び」には、純粋な「楽しみ」としての遊びと、「コミュニケーション」の一環としての遊びがあります。「楽しみ」としての遊びも、個的な遊びと仲間との遊びに分けられますが、後者は実質的にコミュニケーションと強く結びついています。遊びをとおしたコミュニケーションで心を満たすインコやオウムは多数います。

遊びになにを望むかは鳥によってちがってきます。独り遊びが好きか、仲間との遊びが好きかということ以外にも好みが出ます。

なにを目的に遊ぶか、どう遊びたいかは、その瞬間の気分によっても変わってきます。遊びをとおして、好きな相手（鳥、人間）と、より親密になることもできます。その際には、もっと自分を見て、もっとたくさん遊んでというアピールもしてきます。

## だれと遊びたいか

安定した遊びを求めるなら、いつも遊んでいる仲間のもとに行くのが最適です。なにが返ってくるかわからない、予想外の出来事を期待する場合、鳥の仲間よりも人間のほうが適していると考えるインコやオウムもいます。

インコやオウムが予想外の反応をして驚かせてくれることがあるように、人間に遊びをしかけた際、鳥とはまったくちがう反応をすることがあります。そのギャップを楽しみたいインコやオウムは、好んで人間のところにきます。

また、特定の遊びを長く続けたい場合も人間のほうが適しています。鳥はあきてすぐにやめてしまうことも多いのですが、気持ちがよく伝わる飼い主なら、自身があきるまでつきあってくれる可能性が高いからです。

もちろん、遊びが予想外の方向に進化、発展していく可能性にも期待できます。

# 「仲間がほしい」は切なる願い

## 群れの意識

小鳥と呼ばれる多くの鳥が群れるのは、群れることで食料を見つけやすくなること、繁殖相手を見つけやすくなることに加え、たくさんの目があることで自分たちを襲う可能性のある敵（＝捕食者）が見つけやすくなる、ということが挙げられます。

敵ほかの危険を察しただれかが発した警戒音を受け、その瞬間にすばやく逃げることができたなら、死亡するリスクが減ります。

しつこい猛禽類がずっと群れを追ってきたとしても、自分以外の〝だれか〟が犠牲になってくれたなら、自分は助かる可能性が増えます。打算的ではありますが、それもまた弱い生き物が群れをつくる大きな意義となっています。

生き物はある意味、エゴイスト。自分の命を守ることが最優先であり、おなじ群れのだれかの命は自分よりも下になります。

群れで生きる鳥にとって、群れは「安心感」のもとであると同時に、生き残るための「保険」そのものでもあるということです。

野生のふだんの暮らしの中では、おおぜいの同種とおなじリズムで暮らすことで安心感を得ています。群れでの暮らしに「孤独」を感じることはありません。

## 孤独は不安を呼ぶ

家庭で暮らすようになっても、「群れ」の意識は残り続けます。

野生のセキセイインコ。松井淳撮影。

「仲間がいてほしい」というのは、群れで暮らすすべての鳥の願いです。また、そこにいる親しい相手との相互羽繕い（グルーミング）も、心の安定のために不可欠なものになります。

インコやオウムには、直にふれあうことのできるだれかの存在が必要です。心がつながった同種との接触はもちろんですが、人間との暮らしでは、庇護者と認める人間に毎日なでてもらうなどの密度の高い接触も重要で、それによって精神的な安定も得られます。

家庭に暮らす鳥を捕食者が襲うことは、ほぼありません。それでも、自分以外の異種も同種もそこにいない場合、心には常に強い不安があり続けます。自分しかいないと、敵に気づかず殺される可能性が増える――。そう感じた鳥は不安に襲われます。そして、その気持ちはストレスになります。

1羽だけで飼育されている鳥が感じる不安の根底にあるのは「死の恐怖」です。理屈ではありません。それゆえインコやオウムは、「できるだけ1羽にしないで」と願い、人間がそこにいてくれることを望みます。

## 欧州では法的な規制も開始

新たに鳥の飼育を始める者は、鳥たちに孤独と不安を感じさせない暮らしを提供することを、法律や条例によって義務づける動きがヨーロッパなどで始まっています。

ペットショップで新たに鳥を販売する際は、1羽での販売を禁止し、複数羽を義務づける国も増えてきました。群れで暮らす鳥を1羽で飼うことは動物虐待にあたるという考えが根底にあります。

1羽で過ごさなくてはならないストレスは体にも影響し、鳥が短命になる傾向があることがわかっています。

仲間がいる暮らしはやはり安心です。

# だれでもいいからいてほしい

## 視界の中に鳥がいる安心感

家の中、視界の中にだれかがいてほしいとインコやオウムは切に願います。

できれば同種。同種がいないなら、ほかの種でもいいからインコかオウム。それも叶わないなら、どんな鳥でもいいから家にいてほしい。どんな鳥であったとしても、同じ空間に鳥がいるだけで安心感は得られます。

おなじ家で暮らすイヌやネコでも、いないよりもまし。ただし、自分が迎えられるよりも前から家にいたり、自分のあとに家にきてその成長を見ることで性格が把握できていて、自分に害をなさないと確信できることが条件です。

なお、声を出すことのない爬虫類や周囲に関心をもたないハムスターなどはカウントされません。

## 嫌いでも、いないよりまし

インコやオウムにも相性があり、同種でも嫌いな鳥もいれば、まったく相性が合わない鳥もいます。そんな鳥であっても、おなじ空間にいると強く安心します。たがいに無関心でも、いてくれることをありがたく感じます。

危険を感じれば、たがいに声を出して伝えます。その行動は群れの鳥の習性で、好きか嫌いかはまったく関係ありません。だれの中にもある習性であるがゆえの安心感です。とはいえ、おたがいに好きで、いっしょに遊べる関係ならいうまでもありません。求める最良はそこにあります。

安心できる相手ならより心強く。

# インコやオウムは人間を見わける

## 見わけるインコやオウム

脳の発達した鳥は、家庭で暮らす家族やよく訪れる人の特徴を記憶して、見わけることが可能です。野生では、ハシボソガラスやハシブトガラスがこうした能力を活かして、歩行者や巣に近づく人間の見わけを行っています。

飼育されているインコやオウムは、身近な場所から時間をかけてじっくり人間を観察することができるため、より正確に特徴を把握して、人間を特定することが可能になっています。

## データベースをつくる

インコやオウムが見わけに利用しているのは、その人間の身長や体型、髪形、性別、眼鏡の有無のほか、全体的な雰囲気や歩き方、挙動、性格とその現われかた、声の特徴や話しかたなどです。

先にも解説したように、鳥は視覚と聴覚を中心に世界を認識しています。インコやオウムの脳は、目から入った情報と耳から入った情報をもとに、その人間の基礎情報集（＝データベース）をつくりあげています。

個々の情報は、脳内にあるひとつの「フォルダ」に納められ、そこにある情報が結びつけられるかたちで「特定の人物」のイメージができあがっています。

もちろん、鳥とどう接しているかも重要な情報で、自分に対する接しかた、ほかの鳥に対する接しかたも記憶され、情報集の中に組み込まれていきます。

こうした情報の記憶や整理は、とくに意識することなく行われています。つまり、ずっと見て、接していることで、「その人物のかたち」が自動的に頭の中にできあがっていくしくみです。

インコやオウムが内にもつ人間の見わけのポイント（＝データベースの中身）を簡単にまとめると次のようになります。鳥は床にいる際、人の足もよく見ています。

【人間を見わけるポイント】
◎身長、体型、髪形、性別
◎顔つき、眼鏡の有無
◎手と手の指、足と足の指
◎歩き方、歩く姿勢、足音
◎ふだんの服装、外出時の服装と持ち物、好きな色
◎声（音色、周波数）、口調
◎言語
◎自分に対する態度
◎ほかの人間との関係

## 情報集に紐づけされる情報

また、出かける際の服装や持ち物も、補足情報としてそこに組み

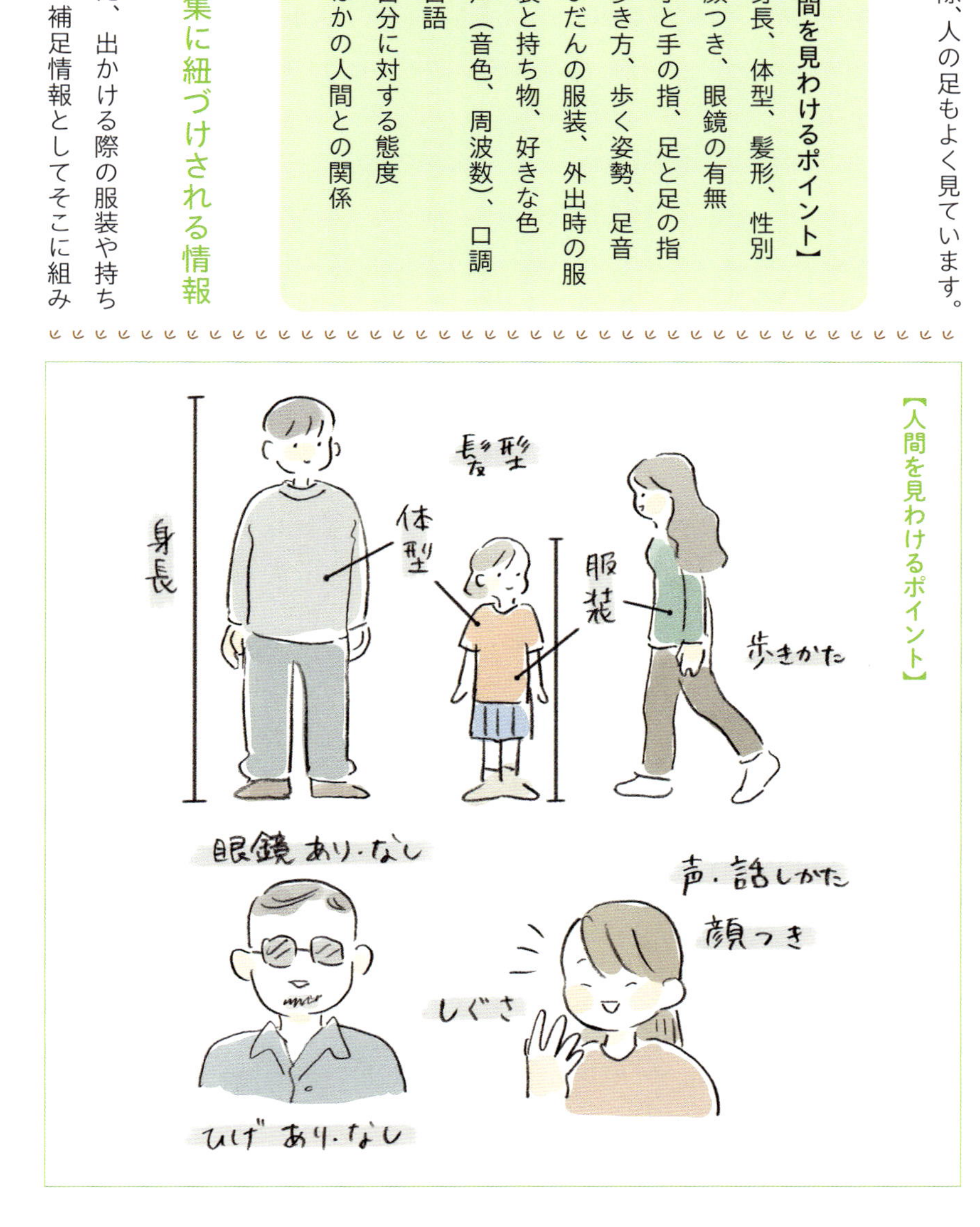

込まれます。つまり、どんな格好で出かけたら、何時ごろに戻るかを予想するための情報も、本鳥の基礎情報に紐づけられています。

もちろん、その人間が好きか嫌いか、好きだとして、順位はどのくらいかなども、基礎情報集の一部となっています。

その人物がどういう人間だから「好き」なのか、「嫌い」なのかの判断にも、つくりあげたデータベースが影響しています。

なお、記憶する際、変化するものとしないものも分類します。

たとえば、顔つき、歩き方、声は変化しません。一方、服装や髪形は変化するものの、その人間が選びがちな好みのデザインや色があり、そうしたこともまた「傾向」として把握していきます。

## 情報の照合

「ある人物の情報」はまとめられたかたちで存在するため、断片的な情報からでも、それがだれかわかります。つまり、その人物をよく知るインコやオウムは、姿が見えなくても、声だけでそれがだれかわかるということです。

正確で詳しい情報をもっているため、だれかが変装し、なりすましたとしても、「別人」であることがわかります。

インコをふくめた鳥の耳は人間の耳よりも「音」を細かく分けて聞き取ることが可能で、インコやオウムにいたっては、声の抑揚の微妙なちがいも理解します。

そのため、変装などによって人間をだますことはできても、インコやオウムをだますことはできません。

# インコやオウムは人間の感情を知る

## 鳥のコミュニケーション

「コミュニケーション」というおなじ言葉で表現していても、人間と鳥のコミュニケーションには当然、ちがいもあります。

人間の場合、考えや気持ちを言葉や表情、挙動で伝えあうことが主体であり、おたがいの考えかたや人格、能力などを知るためにも欠かせないやりとりです。

鳥どうしの場合、気持ちの交換と、どんなときにどう反応するかなど、相手の意識のありかたを理解することが中心となります。つまり、相手やまわりをどう思っているか、今どんな気持ちなのかを伝えあうことに大きな比重が置かれます。

つがいや仲のよい鳥どうしの場合、愛情を伝えあったり確認しあったりすることも、コミュニケーションの大きな目的です。

人間とインコやオウムとのコミュニケーションも、鳥どうしのそれに準じたものとなります。家の中のルールなどを伝えようとする際は、それに関する情報伝達も織り込まれますが、日常のコミュニケーションは、「気持ちの交換」が主となります。

## 声や表情で感情がわかる

インコやオウムは相手の声を聞き、挙動と表情、雰囲気から伝わる情報も加えて、その感情を理解しています。気持ちを知ったうえで、自分に要求されていることなども理解します。

インコやオウムからすると人間は巨大な「異種」ですが、同種、異種の鳥の気持ちを理解するのとほぼおなじやりかたで、感情、気持ちを理解しようとします。

はじめは少し読みにくかったとしても、人間の表情にもさまざまな感情が現われることを悟ると、声の変化と合わせて感情が理解できるようになっていきます。こういう表情、こういう話し方のとき

鳥たちは人間の表情からも声からも感情を読み取ります。

はどんな感情なのか、情報が蓄積されていくにつれて判断の正確さが増し、人間の気持ちの理解も早くなっていきます。

人間の行動を見て、それを頭の中でデータベースにしているのとおなじようにして、表情に見える感情も理解していきます。

## 感情を理解するメリット

鳥たちがいっしょに遊んでいるとき、「楽しい」「おもしろい」を共有しています。複数の鳥がいると、だれかが発した「楽しい」という声に反応して集まり、いっしょに遊んでみたりもします。

インコやオウムと暮らす人間の多くは、彼らにも人間のような感情があることを知っています。

インコやオウムも、人間にも自分たちとおなじような感情があることに、出会ってすぐに気づきます。そこから学習が始まります。

人間の怒りやいらだちは、顔や声などからすぐにわかるので、とくに学習する必要はありません。「うれしい」「楽しい」「おもしろい」「気持ちがいい」という感情が、人間の顔や挙動や声でどう表現されるかがわかれば、ともに暮らしていくうえで必要とする人間の感情は、八割がた把握できたようなものです。

やがて、人と鳥がたがいの感情に敏感になることで、そこでの暮らしがしやすくなっていくことにも気づきます。

インコやオウムは人間からやさしさを向けられるとうれしくなります。そして、そのうれしさは人間にも伝わります。人間のうれしそうな表情で、伝わったことがわかります。「よい感情は両者のあいだで循環する」ということを感覚的に理解します。

# 家の中の居心地のよい場所

## 安全な場所と安心な場所

インコやオウムは「暮らしやすさ」を求めます。彼らが求める暮らしは「安心」の先にあります。

そのため、家に迎えられたインコやオウムは、安全な場所、安心な場所を探します。といってもそれは、探そうという明確な意思によるものではなく本能的なものです。

家庭内において、鳥がもっとも安全と感じられる場所は、ほかの動物が簡単には上がってこられない高い場所。たとえば、本棚や食器棚の上です。

人間やイヌやネコ、トカゲなど、恐いと感じる生き物がおなじ家にいる場合も、高い場所に行ってしまえばかなり安心です。高い場所は家の中が見渡しやすく、恐い対象の位置や状況の確認がしやすいというメリットもあります。

本棚や食器棚には劣るものの、照明のランプシェードの上も、安心できる場所です。棚の上より行きやすいということもあり、なにかあったらここに行こうと決めている鳥は多いようです。

天井と棚のあいだに数センチメートルの隙間しかないところ

安心できる高い場所で過ごす鳥たち。

は、飛翔力に優れた鳥にしか行くことができない場所のため、より高い安心感が得られます。狭い隙間に入り込んで遊ぶことが好きなインコやオウムは、そこを日常的な遊び場にすることもあります。

また、放鳥時間が終わり、ケージに戻るよう促されたとしても、高くて狭い場所に人間はやってこられません。そこから動かないことで、より長く遊び続けられるというメリットもあります。

## 逃げこむ先は人間のもと？

飛翔力に自信のない鳥は、より近くの安全な場所を求めます。ある意味、高い場所よりも安全で安心な場所、それは人間のもと。人間が大好きで信頼しているがゆえに、高い場所は無視して、最初から人間のもとを第一の選択肢にする鳥も多く見られます。

守ってほしいと肩や胸に飛び込んできたインコやオウムを、人間はあたたかく迎えます。そして、「大丈夫」とほほえみます。

人間に守ってもらおうと思った際、頼るのは、いちばん好きな人間だけに限りません。心をかよわせた頼れる飼い主には強い安心感ももちますが、人間は家の中で最上位に立つ者なので、信頼できると感じた者なら、その多くがたよりになります。

ふだんから、二番目、三番目に好きな相手とも遊んでいる鳥は、遊びの中にあるコミュニケーションをとおして、いちばん以外の人間とも一定の信頼感で結ばれており、なにかあったら身を預けてもよいと思えるくらいの居心地のよさも感じています。

二番目、三番目に好きな人間は、遊び相手として確保されているだけでなく、まさかのときの「避難場所」という側面もあると考えてください。

# 肩や頭に乗ってくる理由

## 肩や頭を目標に飛来

人間に向かって飛んできた小型〜中型のインコやオウムの多くが肩か頭にとまります。飛行中によく見え、着地点として設定しやすい場所だからです。とまれる十分なスペースもあります。いつもとまっている場所で、慣れた場所ということもあります。飛ぶことが下手な鳥でない限り、肩や頭にとまることに苦労はありません。

ただし、飛ぶことをおぼえる幼鳥の時期に初列の風切羽を切られて（クリップされて）、脳が飛行を上手く学習できなかったことで飛ぶことが下手だったり、なんらかの理由で目測を誤ってしまった場合、予定から少しずれた場所に着地することもあります。

肩なら多少ずれたとしても、ただ駆け上がればよいのですが、頭にとまろうとして失敗して、顔側の少し低い位置に来てしまった場合、落ちまいと爪を立て、必死で顔面を駆け上ることになります。

眼鏡をしてると、眼鏡がストッパーになるため被害はあまりありませんが、裸眼やコンタクトの場合、額にはとまる場所がなく、爪を立てられるのが上下のまぶたや涙嚢（るいのう）のあたりになるため、額からまぶた、頬にかけて引っかき傷ができてしまうことがあります。

## 体の中では肩と頭が好き

インコやオウムが肩や頭が好きな理由はいくつかあります。

とにかく肩が好き。肩にいるとほっとする、安心する、という鳥が多いのも理由のひとつです。分離不安的な心理から、一度肩に乗るとなかなか降りない鳥もいます。

肩にいると、目の高さが近くなるため、人間とだいたいおなじ視点で世界が見えます。それをうれしく感じる鳥もいます。

また、人間が机に向かってなにか作業をしているとき、机の上が見やすく、人間の作業に興味がわいた場合、腕を伝って机やテーブルに降りることができて、作業を間近で見たり、まねをしたりできます。そうしたいがために、肩にいるインコやオウムもいます。

一方で、肩や頭の上なら、捕まえようと人間の手が伸びてきてもすぐに逃げられるため、逃亡のしやすさからそこに居たがるインコやオウムもいます。

その人のことは好きでも、手が羽毛にふれるのがいやだったり、つかまれることが嫌いだったりする鳥は、いつでも逃げ出せる場所として肩や頭を選びます。

肩からなら手の近くまですぐに移動できます。

## 声や口笛が聞きたい

近くで話しかけてほしい鳥もいます。自分に向かってふり向くように首を動かしたとき、肩からならくちびるにもクチバシが届きます。「なにか話せ」と甘咬みしてくることもあります。

言葉や口笛のメロディを近くで聞いておぼえたい鳥もいます。前者はおもにオスのセキセイインコで、後者はオスのオカメインコなどです。いずれも口元に耳を寄せて声を聞きたがります。

なかなか満足せず、何度も要求する鳥もいて、ときに飼い主を困らせたりもします。

好きな人間を独占したい鳥も、もちろんいます。肩や頭にいることで、飛んで近寄る鳥を追い払うことが容易になります。「この人間は自分のもの」と主張しやすくなります。

# パニックになるのも自然な反応

## 生き物はパニックに

　強い恐怖を感じた生き物は、慌て、パニックにもなります。

　オカメインコなどの反応を見て、「パニック＝大暴れ」と思い込んでいる飼育者もいますが、暴れてケガをするのはパニックの際のひとつの結果であり、パニックになった鳥がすべて暴れるわけではありません。

　また、パニックは人間をふくめた多くの生き物に起こることであり、正体不明になって自身の意思とは無関係に暴れることや、急遽その場から逃げ出すこともふくめて「パニック」と呼ばれます。

## ロストもパニックの結果

　適切な判断力を失うことも、パニック時における状況のひとつ。

ただし、なにかに驚いたインコやオウムが窓から飛び出してしまうのは（鳥をロストするのは）、パニックもありますが、「冷静な判断」の結果でもあります。

　つまり、心の中で本能が「逃げろ」と命じた際、窓や戸口が開いていれば、体はより広い空間に向かいます。恐怖の対象が家の中にあった場合、「できるだけ遠ざかれ」という心の声に従います。

　逃げた鳥が正気に戻って思うのは、「ここはどこ?」「どうしよう」です。そこで、助けてくれる第三者に早々にすがることのできた鳥は助かりますが、パニックが残っているときにカラスなどに襲われると容易に命を落とします。


パニックで鼻の頭をすりむいた鳥。

## オカメパニック

深夜にパニックを起こしがちなため、「オカメパニック」という言葉も生まれましたが、深夜の地震や物音に弱い鳥は他種にもいます。またオカメインコでも、ほとんどパニックにならない鳥や、ケガなく暴れる鳥もいます。

## パニックでケガをした鳥

パニックを起こして大暴れし、翼が血に濡れてしまった鳥を見てパニックになるのは人間です。

先に解説しておくと、強く打ちつけた翼の先端近くの皮膚が裂けて出血しても、そのほとんどが出血多量で死に至る出血量の10～20分の1にも満たない量で、死の危険はほぼありません。ですので、血まみれになっても焦らないでください。

ただし、まだ血がかよっている伸びかけの羽軸が折れて出血が止まらない場合は、獣医師の処置が必要になります。ずっと血が出たままでは危険な状態になる可能性もあるからです。血の着いたままの羽毛は衛生上の問題も出てきますが、鳥を専門とする獣医師は診察の際に汚れた翼の洗浄もしてくれます。

出血さえ止まれば、ほどなく痛みもなくなり、鳥はいつものとおりに暮らせるようになります。血で汚れた翼は気になるものの、体についてはほぼ気にしません。

ただ、風切羽が大きく抜けてしまった場合、飛べなくなることもあり、その事実にショックを受ける鳥もいます。無理に飛ぼうとするようなら制止して、羽根が再度生え揃うまでの短いあいだ、大人しくさせてください。また、そうした状態にあることで落ち込む様子が見られたときは、できるだけそばにいるなど精神的なサポートも必要になります。

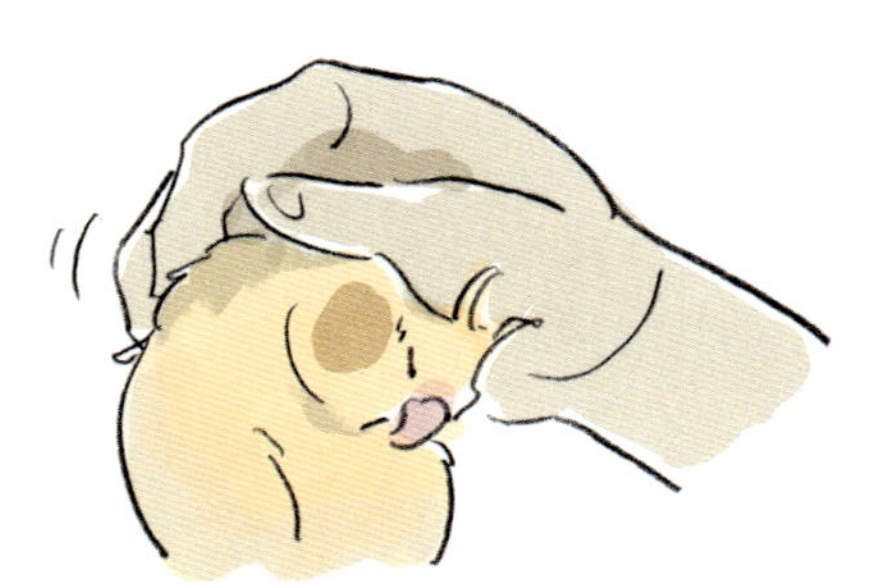

あまり気にしていないようでも、心のケアが必要なことがあります。

# かじりたくなる心理

## かじるためのクチバシ

　鳥のクチバシには、属する種の生きざまや生活様式が現れます。インコ目に近いハヤブサ目の鳥たちもインコのようにクチバシが曲がっていますが、ハヤブサやチョウゲンボウのクチバシは、食料となる獲物の肉を引き裂く調理道具でもあります。

　一方のインコやオウム。カラスやスズメなど、スズメ目のほとんどの鳥のクチバシがまっすぐで、上下がぴったり重なるのに対し、インコやオウムのクチバシは鍵状になっていて、下のクチバシに上のクチバシが覆いかぶさるようになっています。これは「かじる」ためのクチバシです。

　種子食の鳥はクチバシを使って種子の皮を剥いたり、実を割ったりすることができます。木の樹洞に巣を作る鳥は、かじって入り口や内部を整え、ヒナが過ごしやすい環境を整えます。

## かじって世界を認識

　彼らのクチバシは人間の手や指のような存在であると同時に、ピンセットのような細かい作業も可能な精密な道具でもあります。彼らはグリップ力の強い足で枝をつかみ、その片側の足とクチバシを使って多彩な作業をこなします。

　彼らのクチバシは、かじることで世界を認識していく、自身と世界をつなぐ「窓」でもあります。どんな素材か、食べられるかなどもふくめて、クチバシを使って認識していきます。非常時、彼らのクチバシは戦うための武器にもなりますが、日常生活で武器として使うことはほとんどありません。

インコやオウムのクチバシ。

## かじってストレスを解消

インコやオウムのクチバシには、もうひとつ重要な役目があります。それは「心を落ち着ける」役割です。たとえばストレスを感じたとき、かじることでストレスを逃がすことができます。ストレスが完全になくなることはなくても、大きく減らすことが可能です。

心が落ち着かないとき、「なにか」をしているほうが楽ということが人間にはありますが、インコやオウムも同様で、彼らにとってその「なにか」はかじることです。怒りを感じたときも、なにかをかじることで発散できます。

かじってもよいおもちゃ、ものを用意しておくことを飼育者には勧めます。なかにはとまり木をかじって発散する鳥もいますが、それをやめさせることでストレスが解消できなくなるとしたら、それはその鳥にとって大きなマイナス。とまり木をかじって折ってしまうようなことがあっても、すぐに交換できる代わりのものを用意しておくなど、その鳥の心にも配慮した対応をお願いします。

## 理由がなくてもかじる

電話をしているとき、無意識に落書きをしてしまった経験をもつ人は少なくないでしょう。インコやオウムもとくにすることがない状況で、無意識になにかをかじってしまうことがあります。もちろん、ただのイラズラもあります。

それゆえ大事なものをかじらせないためのガードは必須です。

かじりたがるのが本の場合、付箋が最強のガードになります。付箋があるとまずそこに目が行くため、大事なカバーなどをかじられる危険が大幅に減ります。これもインコ飼いの智恵のひとつです。

かじられたくない本には付箋を貼ってください。

# 「油断」が事故を招く

## 家庭で特殊な事故が多発

捕食者がいないはずの家庭で、鳥たちの死亡事故が多発しています。といっても、それは最近になって始まったことではなく、踏まれて亡くなるという現代とまったくおなじ事故は、300年前の江戸でも起こっていました。

ともに暮らす鳥を傷つけたいと思う飼育者はいません。それでも、事故は起きます。原因は「油断」と「不注意」です。

もっともありがちな事故が、「そこに鳥がいると思わず、一歩を踏み出したその場所にインコがいて踏んでしまった」というもの。椅子や座布団に座ろうとした際、そこで鳥が遊んでいて、そのまま尻の下敷きになってしまったという事例もあります。

反射神経のよい飼育者なら、踏みかけたその瞬間に、違和感に気づいて飛び退くこともあるでしょう。それによって全身打撲や大腿骨・脛骨（けいこつ）の骨折で済み、死を免れることがありますが、それでも小さな鳥の体には大事故です。

足元にいて踏まれそうになった際、上手に回避して難を逃れるものもいます。しかし、自身の尾の長さを自覚しない鳥の場合、数歩移動して体本体は無事だったものの、尾羽を踏まれ、踏まれたことに驚いて飛び立とうとした結果、すべての尾羽が抜けるという事態に陥る例もありました。命に別状がなかった点はよかったですが、しばらくは不便そうでした。

危機感がなく、逃げようとしないために最悪の事態も。

## 人間の油断、鳥の油断

「不注意」は人間側の問題ですが、「油断」は人間と鳥の両方がしています。信頼していればいるほど、インコやオウムは人間が自分を傷つけるはずがないと確信しています。

そのため踏まれる寸前まで、自分がケガをしたり死んだりすることを想定していません。扉や襖にはさまるケースも同様で、まさかはさまれるとは思っていません。

タンスの裏や食器棚の裏など、誤って落ちた先が狭くなっていてそこで身動きが取れなくなることがあるなどとも思っていません。

人間のほうも、捕まえようとすると逃げる姿をずっと見ているため、危険を感じたら逃げると確信しています。まさか、踏み出した足の下で固まったように動かずにいるなど、想定していません。閉めようとした扉の上に鳥がいて、さらに閉まりかけてもそこから飛ばないとは思いません。

たがいの信頼があだになって起きる事故もあり、結果として死亡という悲しい事態にいたることがあることは、記憶のどこかに留めておいてほしいと思います。

## 拾い食いにも危険が

インコやオウムは、家の中にあるものならかじっても問題がないと思っています。本や壁紙をかじっても叱られはするものの、慌てて取り上げられたりしないため、安心もしています。

ペレットと同サイズのビーズなど、粒状のものが床に落ちていたとき、とくになにも考えずに食べてしまうことがあります。

鉛や亜鉛、スズなどの金属をふくむものも、目に入ればかじります。重金属は基本的に毒であるという認識は彼らにはありません。安全な環境に有毒物が存在するなど、思ってもいません。

危険物は徹底的に取り除きましょう。

# 病気のとき、歳をとったとき

## 病気と老化に境界はない

インコやオウムの心には、過去と未来はほぼ存在しません。意識にあるのは、つねに「今」です。

経験をもとに、少し先に起こるよいことと悪いことの予想はできます。しかし、「今このような状態だから、この先はきっとこうなる」という未来の予想はできません。たとえば、飛べない状態だったとしても、明日になればきっと飛べるだろうとも、もっと悪くなって体も動かなくなるだろうとも、思うことはありません。

ただ、今飛べないのだから、歩いていこうとか、飼い主を呼んで行きたい場所に連れて行ってもらおう、などと考えるだけです。

なぜ体が今の状態になったのかということについても、考えをめぐらせたりしません。把握できた現状と、この状態でどうやったら思うことができるかだけが心の中にあります。

そうなったのが病気のせいなのか、体が老いたせいなのかも彼らにはわかりません。ただ、体が示す事実を受け入れるだけです。それはつまり、病気と老化のあいだに境界がないことを意味します。

## 少し不調とかなり不調

インコやオウムの病気に関しては、人間とおなじだけあると理解してください。鳥種によって、特定の病気へのかかりやすさにちがいは出ますが、軽い風邪からがんまで、あらゆる病気になる可能性があり、その中には獣医師による診察と専門的な治療を必要とするものも多数あります。

彼らが体調の悪さを自覚した際の行動は、次のようになります。

◆少し悪いが問題なく動ける
↓気にしない

◆かなり悪い
↓じっとして回復を待つ

後者の状況になって初めて、ともに暮らす鳥の不調に気づく飼育

軽い不調を見抜く努力をしてください。不調の際は鳥を専門とする獣医師がいる病院へ。

者も少なくありません（上図右）。後者の場合、獣医師が診察し、的確な薬が投与されれば回復の可能性が増えます。体調が悪化した鳥には様子見をする猶予がないことも多いため、非常事態と思った際には病院に連れて行く習慣をつけておいてほしいと思います。

## 老化の認識

「おれも歳をとった」という意識は鳥にはありません。それでも、確実に老いていきます。老化の現われかたは、人間とほぼおなじ。足腰が弱り、関節や関節を動かす腱や筋肉が衰えてきます。

羽ばたきは二層になった胸の筋肉によって行われますが、筋肉から伸びる腱が衰えることで飛べなくなります。

また、鳥も「白内障」になって、視力を失うことがあります。それでも多くの鳥はケージ内のエサ・水の配置をおぼえているので、支障なく生活できるものは多いようです。なお、鳥は聴覚の細胞が再生するため、耳が遠くなることはありません。

『うちの鳥の老いじたく』（誠文堂新光社）など、老鳥との暮らしに特化した書籍も刊行されています。こうした本を早めに読んでおくことで、さまざまな状況に対処できるようになります。

なお、老化でも病気でも、体が動かなくなったことを完全に自覚した鳥は、不安になり、心細くなります。飼い主が精神面を支えることも必要になってきます。

# ケージに戻りたがらない

## 遊び足りない気持ち

若くて体力もあり、遊ぶことが大好きな鳥の場合、その家が定めた放鳥の時間を過ぎても遊び続けたいと思うことがあります。遊び足りない子どもに近い心理です。

まれに、直前に自身のケージに取り付けられた新しいおもちゃが恐くてケージに戻れない鳥もいます。ケージの入り口まで連れて行っても「入るのは絶対にいや」という感じで拒否する場合、おもちゃをいったん取り除くなどして、落ち着かせてからケージに戻してください。おもちゃは少しずつ慣れさせて、問題がないようなら再度入れてみてください。

インコやオウムは群れの中の順位をそれほど意識しておらず、こだわらないものも多いのですが、その家にいちばん最初に迎えられ、飼い主からも自分がいちばんと思われていると確信している鳥の場合、ほかの鳥よりも早くケージに戻されることをよしとしないケースもあります。

そうした鳥の場合、ほかの鳥たちをすべて戻したあと、いちばん最後に帰宅を促すと、安心して帰ってくれます。

## 自宅という自覚がないと

困るのは、ふだんから放し飼いにされている鳥です。自身のケージを自宅と認識せず、安心できる場所と思っていないこともあります。そんなふうに思う鳥にならないよう、飼育の初期からケージでの生活に慣らすことが大切です。

# ケージから出たがらない

## 潜む不調

　エサや水を替えている朝の時間や放鳥時間にいつもケージから出てくる鳥が出たくない様子を見せたときは、体になにか異常があるかもしれません。

　起床後、しばらくぼんやりしているタイプの鳥もいますが、そうした鳥でも、いつもより体が重そうに見えたら要注意です。

　食欲不信があったなど、数日前から不調が見えていたケースだけでなく、朝、突然襲われる不調もあります。たとえばメスでは、卵詰まりなどを起こし、苦しく感じているケースなどです。冷えなどによる消化不良から、吐き気をおぼえているケースもあります。

　ケージから出てこないだけでなく、呼吸が荒かったり、ぐったりした様子が見られた場合は、緊急対応が必要です。少し動かしても大丈夫そうなら、体重を確認してみてください。激減していれば、前日、前々日からあまり食べていない可能性があります。

　また、指にとまらせて趾が冷たく感じられたなら、体温が下がっているかもしれません。つかむ指の力がいつもよりも弱いと感じた場合も、病院へ連れて行くことを考えてください。

　少しだけ様子見をしたい場合、保温性の高いプラケースなどに移し、ヒーター等で温めつつ、安静状態で見守ってください。ただしそれは短時間だけで、行きつけの病院があれば相談したうえでその後の対応を考えてください。

深刻な不調と感じた場合はためらわず、鳥を専門とする獣医師がいる病院へ。

# 放鳥は楽しみ

## 心待ちにする放鳥

インコやオウムは通常、彼らの「家」であるケージで過ごしています。ケージに慣れてもらわないと、安静が必要なときも安静にできず、病院に連れて行く際も困ります。そもそも放し飼いでは、安全の確保ができません。

とはいえ、体調管理の面や精神衛生の面からも、ずっとケージで過ごさせるわけにはいきません。

自身の翼で飛ぶことは家庭内でできる最大の運動であり、飛翔することによって体内のさまざまなリズムを整えていきます。精神的にリフレッシュできることは、いうまでもありません。

そのため、多くの家庭において1日に1～2回、ケージ外で自由に過ごす時間が設定されています。その時間が「放鳥タイム」です。

自由を満喫できる放鳥時間を、多くの鳥が楽しみにしています。その時間には、好きな場所に行き、好きな人やものと遊ぶことができます。放鳥は、人との暮らしにおいて、鳥たちがもっとも心踊らせる時間と考えてください。

好きな相手との深いふれあいを楽しみにする鳥がいます。いつもの場所で、いつもとおなじように遊ぶことが楽しみな鳥もいます。

飛ぶことも運動も二の次で、とにかく大好きな人間といっしょにいたい。そして、たくさんなでられたいという鳥もいます。

放鳥時にしたいことは、それぞれでちがっています。共通するのは、自由を満喫できる放鳥の時間が好き、ということです。

ネズミガシラハネナガインコ。

# 風切羽は切らないで

## 飛ぶことが下手な鳥

「うちの鳥は飛ぶのが下手」という飼い主がいます。しかし、脳や体に障害がある鳥を除き、本来、飛ぶのが下手な鳥はいません。

現在、飛翔が下手な理由としては、飛ぶための体のコントロールを脳が学習する時期に、ケージやプラケースに入れられたままで飛翔する機会を与えられなかったり、風切羽を切られる（クリップされる）などして、飛ぶための十分な訓練ができなかったことが影響していると考えられます。

成長したあとで、あらためて飛翔の学習ができる鳥もいますが、上手くいかない鳥もいます。

前に向かって飛ぶことはできても、曲がれなかったり、思った場所に着地できないケースが見られます。

## 風切羽のクリップ

もともと風切羽のクリップは、飛べなくすることで飼い主への依存度を上げ、より強くなつかせようとしたことに由来します。昭和の時代に鳥屋の一部が行っていました。いうなれば、過去の飼育文化が生んだ負の遺産です。

近年は、なつかせるためというより、家から逃がさないために切る例を多く見かけます。外に逃げてしまうと、インコやオウムはほぼ死亡します。それを防ぐ目的で切ることが多いようです。

近年のクリップは、完全に飛べなくなるほど切ってしまうケースと、飛翔の速度を落とすことが目的のものがあります。完全に飛べなくなるほど切ってしまうと、テーブルや机から落ちただけでも骨折や打撲などのケガをする可能性があり、実はかなり危険です。

また、クリップしたことで逆に、飼い主の心に油断が生まれ、うっかり逃がしてしまうケースもあります。

飛翔の速度を落とすようなク

リップをしたとしても、当然飛べます。そして、窓が開いていたらそこから逃げます。

上手く飛べない鳥が屋外に出た場合、風切羽が切られていない鳥に比べて命を落とす確率が何倍も増えると考えてください。

## 鳥は望まない

しかし、どんなかたちであろうと、なにが目的であろうと、飛翔の要である風切羽を切られることを承諾する鳥はいません。

逃げないように鎖でつながれた人間とおなじ苦痛を感じると考えてください。

それは、鳥としてのアイデンティティを傷つける行為でもあります。

願いは自由。飛翔の自由。

## 獣医師も推奨しない

放鳥は文字どおり「鳥を飛ばせる」こと。放鳥時間にケージから出たとしても、飛ぶことが一切ないと運動不足になります。最終的にそれは寿命にも関わってくると、鳥を診る獣医師はいいます。

そうした意味で、小型〜中型のインコ・オウムの風切羽のクリップは、寿命を縮める行為であると考えるべきなのかもしれません。

ただし、大型の種が家の中で飛翔した際、速度が出すぎて危険という判断により、安全性の観点から飛ぶ速度を抑えるようにクリップすることはありだと思います。おそらくそれは必要な行為です。

しかし、健康な小型〜中型のインコやオウムの風切羽が切られることは、鳥にとってデメリットがとても大きいものとなります。

重ねて書きますが、鳥の心理的に、それは「絶対にイヤ」なことです。「風切羽は切らない。そのまま、自然のままがいい」。それが鳥たちの切なる願いです。風切羽のクリップは、鳥たちから自由と尊厳を奪うものだと考えてほしいです。

コラム

# 飼い主がインコに求めること

## ◆鳥を支配したい人が多かった過去

かつて、インコやブンチョウを飼育していた人々が願ったのは、「自分になつかせたい」でした。自分の思うように行動させたい。長いあいだそれが主流であり、その目的を満たす目的で書かれた飼育書も多数存在していました。

こうした考えで鳥を迎える人は今もいますが、「いっしょに楽しく過ごしたい。健やかに過ごさせ、『天寿』をまっとうさせてあげたい」と考える人も増えてきました。それが、21世紀の飼育者の顕著な傾向と感じています。

インコやオウムにも心があり、それぞれの鳥に豊かな感情がある——。それが浸透してきたことが大きく影響しています。その種がどのくらいまで生きる可能性があるのか教える情報がインターネットなどに掲載されていることで、「うちの子もこのくらい長生きさせたい」と願う人が増えたこともあります。

## ◆心豊かに過ごさせたいと願う今

ともに暮らす鳥たちの心や健康にも配慮した生活を模索する人が増えてきた最近の変化を、とてもうれしく感じています。飼育者から伝わってくるのは、「この楽しい暮らしが、ずっと続きますように」という願いです。

オウムやインコは小型種でも、20年、30年という長い寿命をもつものが少なくありません。中型、大型はもっと長生きします。鳥類の中でも長寿のものが多い鳥たちです。そのため、「長くいっしょにいたい」という飼い主の願いを満たしてくれるよい相手となります。

インコやオウムは鳥としては特殊で、思考や行動のパターンが、人間に近いということもあり、家族の一員として実感しやすいと飼育経験のある人々はいいます。

Chapter

5

# インコ・オウムの心の特質

# 人間のやることに興味津々

## 人間は好奇の対象

　人間がインコやオウムの行動を見ておもしろいと思うように、インコやオウムも人間の行動を見て、興味深く感じることがあるようです。もともと好奇心の強い鳥。近くまでやってきて、人間がしていることを眺めたりもします。

　ただしそれは、インコやオウムは見ていてあきない、ずっと眺めていられるという人間の感覚とは少しちがったもののようです。

　どちらかといえば、熟練者がしていることに興味をおぼえ、いつまでも近くで見続けてしまう「子ども」の意識に近いでしょうか。

　大人に憧れを抱いた子どもが、その人間とおなじことをしてみたいと考え、やってみることがあります。まさにそんな感じです。

　パソコンに向かって入力しているとき、机にやってきて、人間の指がキーボードを叩くのとおなじ速度で机の表面を叩いてみたりするのも、おそらくそれと似た感覚なのだと思います。

　そのとき、インコやオウムの様子は楽しそうで、顔には「満足」の二文字も見えます。鳥によっては、まねているというより、仕事を手伝っているという感覚なのかもしれません。

人とおなじことをするのは楽しそうでもあります。

## おなじことがしたい理由

　群れの鳥であるインコやオウムは、おなじタイミングでエサを探し、おなじタイミングで眠ります。

だれかがなにかを始め、それをおもしろいと感じたときには、そこに加わってみたりもします。

それが「遊び」に発展することもしばしば。野生でも、オーストラリアなどで大型のインコやオウムに、そうした様子を見ます。

大好きな人間の行動をまねるのは、なんとなくおもしろそうと感じてやることに加えて、おなじ群れの一員と認識する人間との一体感を求めてやっていることもあると感じています。

また、〝自分だけが大好きな人間とおなじことをしている〟という状況は、ある種の優越感も胸に呼ぶようです。その場合、達成感や満足感も同時に味わっているのかもしれません。

## 人間だけ楽しんでずるい

インコやオウムには他者を「羨(うらや)む」という意識もあります。人間がやっていることを見ておもしろいと感じた際、「人間が一人で楽しんでる」、「飼い主ばっかりずるい」という意識も生まれ、「おれにもやらせろ」と思って加わる鳥もおそらくいるでしょう。

## おなじものを食べる、はNG

興味は食べているものにも向きます。ともに暮らす人間の食べ物を口にしたいと思うのは、彼らにとって自然な感情です。

群れの一員としてそうしたい気持ちはもちろんわかりますが、人間の食べ物はもちろんNG。健康な暮らしを続けるためにも、与えないでください。ただ、食べてもよいものをおなじ食卓でいっしょに食べることはできます。

鳥たちが食べても問題のない生の緑黄色野菜などをいっしょに食べることは、ひとつの〝家族サービス〟になります。

人間のしていることをまねしたいインコ。

# 本当に大切な相手以外はどうでもいい

## いちばんが「二番」

インコやオウムがもつ「好き」という気持ちには、あきらかな順番があるようです。順番は、直感的な「好き」を下地にして、生活する中でできあがっていきます。

鳥に対してももちろんありますが、人間に対する順番はより鮮明で、だれが見てもわかるほどはっきりしています。そして、その順番が一度できあがると、「いちばん」はほとんど変化しません。

いちばん好きな人間がその場にいないとき、鳥たちは二番の人と遊び、二番の人間もいないときは三番目と遊ぶ姿を見せます。その様子もまた楽しそうで、「人間と上手くやっているのだな」と実感します。

ところが、そこにいちばんの人間（＝最愛の相手）が帰ってくると状況は一変。それまで楽しげに過ごしていた人間は完全に眼中から消えて、いちばんの相手しか見えなくなります。

つまり、いちばんと二番以降のあいだには、私たちが思う以上の深い溝が存在しています。鳥と暮らす人々のあいだで、「最愛の人が帰ってくると、二番以下はあっさり捨てられる」という言葉がささやかれることがありますが、それは事実です。

いちばんの代わりだった人間は、「用なし」といわんばかりの扱いを受けます。〝捨てられた〟本人は、唖然とするか苦笑いする

最愛の相手しか目に入らないインコ

しかありません。

インコやオウムは自分の心に素直で、したいことしかしないと強調してきましたが、それはこういうところにも出てきます。

## 特別な相手にだけ向く独占欲

本当のいちばんが帰ってきて冷遇され、「自分がいちばんじゃなかったの?」と悔しい思いをされたかた。ほかの鳥と遊んでいるとき、その鳥から嫉妬されたかどうかを思い出してみてください。

「この人がいちばん」と思っている相手に対し、インコやオウムはしばしば強い独占欲を見せます。いちばんの人間だからこそ、ほかの鳥と仲よくするのは許せないし、相手が人間だったとしても、長い時間、楽しげに話をしているのを見ると、だんだん腹が立ってきて、会話を強制終了させたくなることもあります。実際に強行手段にうったえる鳥もいます。

大好きな人間にほかの鳥を近づけまいとすることも。

## それでもまわりとも仲よく

家というのは、人間と鳥たちが小さな群れをつくっている場所。同種や異種の鳥が、自分の心にとって必要な存在であることは、多くのインコやオウムが理解しています。

いちばん好きな相手が部屋にいたとしても、集団で過ごしている際は、まわりの鳥にも人にもそれなりの配慮をする様子も見ます。それも彼らの生き方です。

# 特定の「もの」に愛着をもつことも

## お気に入りのおもちゃ

「お気に入りのおもちゃ」をもつイヌやネコがいます。暮らしの中で愛着を感じる「もの」ができたとき、それを「自分のもの＝所有物」と思い込むこともあるようです。

ただ、大好きなおもちゃがあったとしても、その気持ちが生涯にわたって続くかといえば、そんなことはなく、時間の流れの中で変化するのがふつうです。

もともと頻繁に遊ぶおもちゃほど汚れたり壊れたりすることが多いため、飼い主の多くは安全性や衛生面を考えて、ほどよい時期に取り上げ、交換しています。すると関心が徐々に薄れ、やがて新たなお気に入りができていきます。

インコやオウムにも、「お気に入り」をもつものが存在します。ただし、なにかに対して強い愛着をもつ鳥はイヌやネコに比べて少数。しかし、その執着度はかなり高めのようです。

## ライナスの毛布

イヌのスヌーピーで有名なアメリカのマンガ『ピーナッツ』の登場人物であるライナス少年は、幼いころからもっていた毛布をにぎりしめることで安心を得ていて、それがなくなると強い不安（分離不安）に陥ることから、そうした愛着の対象は「安心毛布」や「ライナスの毛布」と呼ばれ、心理学の用語にもなりました。

インコやオウムにも、そうした強い愛着の対象をもつものがまれにいます。筆者宅のオカメインコのお気に入りは緑色のはさみで、視界の中にそれがないと不安になりました。

家に来たのは生まれて2カ月ほどの時期で、ほどなく、いつも遊んでいるテーブルの上にあったはさみが愛着の対象となり、約22年の生涯において、ずっとその存在を求め続けました。

生涯ずっとお気に入りが存在したオカメインコもいました。筆者撮影。

振り返ってみても、なぜその緑色のはさみがお気に入りになったのかわかりません。放鳥されると、彼はまずはさみのところに飛んで行き、踏みつけて感触を確認します。踏むと安心して、ほかの鳥や人間のところに遊びに行くのが日課でした。

強い愛着が「弱点」になるのは、マンガや小説などではありがちですが、放鳥時、彼が最後まで外に残って帰宅拒否をした際は、人間がはさみをもって隣の部屋に行くと、はさみのことが心配になって鳴いて（声の質的には、泣いて）追いかけてくるので、そこを捕獲してケージに戻すということをしていました。

## 布には安心感？

インコやオウムが、たたまれた洗濯物の上を歩いたり座りこんだりしてまったりする姿を見ることがあります。羽毛に妨げられず直接ものにふれることのできる、文字どおり裸足の足の裏は、心地よさを感じるのに最適な部位です。

インコたちにとって、ふかふかの繊維は、家の中にある自身がふれられるものの中でも好ましさの筆頭近くにあるようで、「ライナスの毛布」ほどではないにしろ、愛着も生まれます。

ケージの中に入れられたバードテントが気に入ってそこで眠る鳥も見ます。包まれている感覚に加え、ふれた感触が好きで、それが愛着につながっているように見える例もあります。

# 体調は隠しません

## 鳥は具合の悪さを隠さない

鳥が急に体調を悪化させたときや突然死してしまったとき、以前より「鳥は病気を隠すから」といわれてきましたが、それは事実ではありません。

体調の悪さを自覚したとしても、ちょっとした不調くらいにしか感じられないレベルだった場合、鳥は不調を気にせず、いつもどおりに過ごそうとします。

わかって隠しているのではなく、「わかっていながら無視をしている」が正しい状況です。多少の不調を感じても、気にせずに暮らしていたということです。

## 突然死もある

その鳥にとっての「適切な体重」を超えた肥満の状態が続いていたり、見かけの体調や体重がふつうでも、血液検査をして血中の中性脂肪やコレステロール値が高いことが判明したインコやオウムでは、人間の何倍もの速さで動脈硬化が進むことがわかっています。

突然死は心臓の異常だけでなく、脳の血管の動脈硬化に由来するものもあります。ついさっきまで元気だったのに、気がついたら亡くなっていたとか、朝見たら死亡していたという例の何割かは、そうしたことが原因といわれています。

どうしても防ぐことのできない死や病気もたしかにあります。それでも、鳥を専門とする獣医師に適正体重を教えてもらい、その体重を維持すること、そして定期的に健康診断を受けておくことをとおして、死や病気のリスクは大きく減らすことができます。

## 観察してください

日々、よく観察をして、体調の変化に気づき、必要な対応をする習慣をつけてください。

本人（本鳥）が気にしない不調

も、長くその鳥を見ていた飼育者になら、気づけることがあるはずです。

　インコやオウムは咳をあまりしません。健康な鳥なら、ほとんど見ることがありません。それにもかかわらず、深夜、咳が連続するようなことがあれば、呼吸器になんらかの異常が生じている可能性があります。いわゆる「オウム病」でも、個体によって連続する咳の症状が出ます。

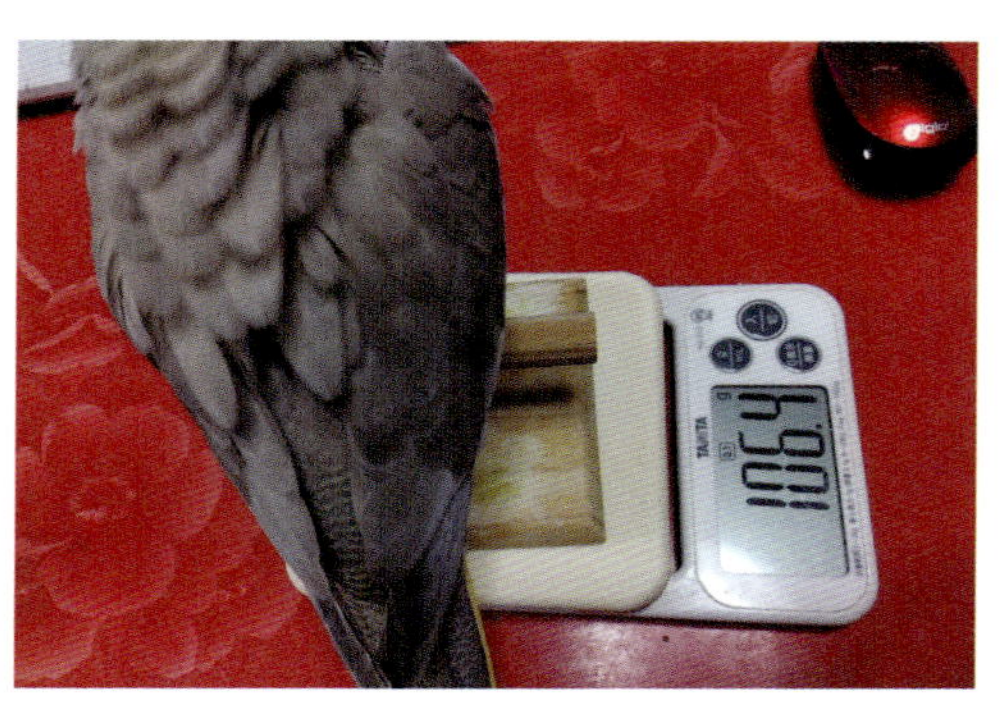
日々の体重測定は健康管理の基本です。

　本来丸い目が丸くないと感じたときや、歩行にふらつきが見られたとき、声がかすれている、なども同様です。急な食欲不振は胃腸の不調や喉の痛みがあるせいかもしれません。老化が原因のこともあります。

　ごく小さな不調にも気づく飼い主であってほしいと思います。その際、気にするのは「差分」です。いつもとちがうところがあったら集中的に観察してください。

　病院に連れて行くべき状態なのか自分では判断できないというときは、鳥を専門とする病院に連れて行くことを考えてください。

「問題ない」といわれたら安心できます。なにかの「初期症状」といわれたら、悪化する前に治療が始められます。重篤化せずに済んだなら、結果的に治療費も少なく抑えることができます。

## 急に態度が変化

　いつもとちがう、というのは、病気の徴候となる直接的な変化だけではありません。いつもは距離を置いていたり、ふれられることを嫌っていたインコやオウムが急に甘えてくることもあります。

　それは、体の不調を自覚した際に見られる反応でもあります。病気のときに心細くなるのは人間の子どももインコやオウムもおなじです。

# 未来のことは考えない

## 鳥にとっての過去と未来

人と暮らすインコやオウムが、経験にもとづいて未来の予測をすることを3章で紹介しました。しかしそれは、それぞれの学習による今の少し先の未来の予想であり、人間のように未来についてあれこれ考えるということではありません。

鳥たちには、「今がこうだから未来はこうなる」という思考がありません。脳が発達したインコやオウムでもそうです。

明日のことはもちろん、今の先にある自身の未来も、自分が属する群れの未来も、彼らの頭の中にはありません。明日の天気も、老いた自分のことも考えたりしません。

録音された声を聞いたり、映像を見たりして、過去におなじ時間を過ごした鳥のことを思い出したりはしますが、意図して過去に思いを馳せたりしないことは、本章の「後悔はしない」という項目でも解説しています。

基本的にインコやオウムは、過去を振り返ることもなければ、先のことも考えません。あるのは今だけ。それが彼らの生き方です。

## 未来を考えない利点と欠点

先のことを考えないがゆえに、インコやオウムには、「こうなったらどうしよう……」というタイプの不安がありません。これから起こるかもしれないことを考えて憂鬱（ゆううつ）になったりもしません。

これが人間とは大きくちがう点です。人間はときにそうした不安に振りまわされて、悲観したり絶望したりしますが、「悪い未来」が頭に浮かぶことがないので、人間のような苦悩もありません。

それは楽観的ということではなく、そうした思考をもたないということです。「今」だけを見て「今を生きる」。そうした方法は、生きやすくなるという点でメリットのある生き方だと思います。鳥たちは思いついたことをそのまま実行しますが、それもまた、先のことを考えていないがゆえでもあります。

ただし、よい面ばかりではありません。たとえば、悪化する可能性のある病気に罹患したとしても、放置したらどうなるかなど、考えることがないということです。

対応を考えるのは人間の役目です。

## 未来の予想は人間の役目

そのため、インコやオウムと暮らす人間は、彼らに代わって未来を予想し、対処する必要があります。病気や事故によって安静が必要なときも、当事者の鳥は安静にしないとどうなるか理解しないため、そのとき痛みを感じていなければ自分のしたいことをしようとします。

ゆえに、体全体の様子や声や挙動を見て不調を察知して、必要な対応をするのは人間の義務です。それは、飼育書を読んだり、まさかの際に鳥を診てくれる病院を事前に探しておくことも含みます。

また、ともに暮らす鳥の種としての寿命を調べ、獣医師のコメントも聞きつつ、体格などから予想されるその個体の寿命を考えて、天寿をまっとうするまで本鳥が納得のいくような暮らしを与えるための計画を練ってください。筆者はそれを、「バード・ライフ・プランニング」と呼んでいます。

# 心の病気になることもある

## 発達した脳は繊細

新しい遊びを考えだしたり、やりたい遊びに飼い主を巻き込んだり、いろいろ考えて飼い主を出し抜いたりするなど、インコやオウムは思う存分、そして奔放に、発達した脳が生みだす能力を披露してくれます。

こうした知的な面にばかりに目が行きがちですが、発達した脳には繊細な面も当然、存在します。高度な脳をもつ生き物は、傷つきやすい心をもっていると考えてください。

長期にわたって苦しい状況に置かれたインコやオウムが、鬱に近い症状を見せることがあります。生涯をともにした大好きだった相手を失って、深く落ち込む様子を見せることもあります。

虐待や飼育放棄などに由来するストレスが積み重なることで、ＰＴＳＤ(心的外傷後ストレス障害)を発症することもあります。しかし、アメリカとちがって日本には、それを適切に治療できる専門家がまだほとんどおらず、専門の治療施設もありません。この分野に関して日本はまだかなり遅れていて、治療の具体的な方策も、なかなか示されません。

## 心の繊細さを知ること

これまでに執筆してきたインコやオウムの心理に関する本には、彼らの心の繊細さを知り、その心にしっかり向きあってよりよい暮らしを提供してほしいという願いが込められています。

繰り返しになりますが、インコやオウムの心は繊細です。傷つきやすさ、弱さをもっています。

現在、彼らと上手く向きあって、よい暮らしを提供されているかたは、その心に合わせた暮らしを提供することに慣れているがゆえに、弱さを直接見ることは少ないかもしれません。

しかし、初めて接するかたが、

細やかな意識をもった生き物であることを理解せずに漫然と暮らしたなら、状況によっては深刻なことにもなりかねません。

虐待はもちろんですが、ずっと無視し続けるだけでも心を壊してしまうインコやオウムはいます。最悪、PTSDも発症します。

## 心変わりは虐待とおなじ

家に迎えたときからあまりかまわない生活をしていた場合、この家の暮らしはそういうものと理解して、インコやオウムはそうした生活にも慣れてもいきます。いわゆる「荒鳥（あらとり）」になるコースです。

一方、最初の数カ月から数年は盲愛していたものの、飽きてしまって、しだいにかまわなくなり、最終的にほとんど放置状態になるケースがあります。その鳥よりも興味を惹かれる生き物と暮らし始めたことで放置が始まることが多いようです。

そうした状況になったインコやオウムの心は徐々に壊れ、やがて修復できない状態になることもあります。それは、酷い虐待を受けたのと同レベルのダメージです。インコやオウムにとって、もっとも深く心が傷つくケースであり、愛した相手との死別に匹敵する辛さの可能性が指摘されています。

無視は「いじめ」です。

## メンタルが弱まると

人間と同様、メンタルが弱まると体にも影響が出ます。精神的な問題を抱えたまま、気力も低下した状態で過ごし続けると、免疫力も低下して、ふだんは問題にならない常在菌が体内で増えて日和見感染が起こることもあります。

インコやオウムもまた、肉体と精神は綿密に関係しあっているため、心の健康の維持も心がける必要があるということです。

# 発情時、自分がコントロールできないことも

## オスの場合

ふだんはわがままな主張もあまりなく、家族とも仲良くやっている鳥が、いきなり感情を昂ぶらせて攻撃的になることがあります。

発情時、家の中の特定の場所を「巣」と認識し、そこに近づく人間も鳥も無差別に攻撃してしまう若いオスがいます。

発情が終わるとふつうに戻ります。また、特定の場所に近づかなければ攻撃してくることはないので、なるべくそっとしつつ、時間が経つのを待ってください。そのとき彼は、自分でも自身の感情がコントロールできないので、本人（本鳥）のためにもそっと見守るのが吉です。

自分でも自分がコントロールできない感覚。

## メスの場合

メスの最大の問題は、産卵が止まらなくなること。卵をつくり続けることで体に大きな負担がかかります。体内のカルシウムを限界まで使った結果、腰骨や背骨が変形するほか、卵管脱などのリスクも増えます。いずれにしても過剰な産卵は命を縮めてしまいます。

この鳥は、背骨に変形が出ていました。

# 後悔はしない

## 過去は振り返らず

過去の出来事を思い出すのは、基本的に人間だけです。インコやオウムが過去を思い出したり、エピソードを懐かしんだりすることはありません。

それでも、残された録音の声などを聞いて、かつていっしょに暮らした仲のよかった鳥が脳裏に浮かぶことはあるでしょう。ともに暮らした仲間のことは記憶の中に存在します。それでも、「○○ちゃんと、こんな遊びをしたっけ」という思い出しかたはしません。

脳の中に記憶（情報）として保存されていることと、積極的に思い出そうとすることは根本的にちがうと考えてください。

## 後悔はない

鳥は「今」を生きています。あるのは「今」だけで、将来という意味での「未来」も意識の中にはありません。そのため、「こうしておけば、こうなったはず……」という思考は存在しません。つまり、「後悔」はしません。なにか大きな事件を起こしてしまったとしても、自分のせいでこうなった、などの反省もありません。

ともに遊んだ相手がいなくなるなどした際は「喪失感」を感じています。心にぽっかり穴があいたような気持ちは、人間に近いものと考えられています。

声はよく、思い出すきっかけになります。

# 人間の要求を知って、それを無視する鳥も

## わかってなお無視

言葉はわからなくても、まとう雰囲気や口調から、人間がどうしてほしいか、なにをしてほしくないかを、漠然と理解できるインコやオウムも多くいます。

ただし、それがわかったからといって、そのとおりにするとは限りません。鳥にもそれぞれ自分の意思があり、インコやオウムは自身がしたいと思ったことしかしません。

小さな人間の子どもが、親がいうことを理解してなおそれを無視することがありますが、インコやオウムの行動はそれと似ます。

もちろん、聞き分けのよい鳥もいます。無意識下で、これは従っておいたほうがいいだろうと感じ、いわれたとおりにする鳥もいるでしょう。人間の意思に沿うと、自分にとってよいことやうれしいことが起こりやすいと学習している鳥もいます。

## コミュニケーションと考える

伝わっているはずなのに、そのとおりにしてくれないとか、いつも無視するとか、くちびるをかみしめる飼育者もいます。しかし、相手も自分の意思をもった大人の生き物。そうそう期待どおりに行動してはくれません。

それを理解したうえで、いうことを聞かないことも「個性」と思ってつきあってください。飼い主とそうした鳥とのやりとりもコミュニケーションの一端だと思えば、いらだちも減るでしょう。

# 放っておいてほしいときもある

## かまわれたくない？

体調が悪いわけでも、機嫌が悪いわけでもない。それでも、今はかまわないでほしいと思うことがあります。常時ということではなく、少しの時間だけ放っておいてほしいと願います。多くの人間において、そう思ってしまうことがあると感じています。

インコやオウムの中にも近い感覚のものがいます。彼らの場合、一人遊びを楽しむために試行錯誤している際も、そんな顔を見せることがあります。

ホルモンの関係などによって、インコやオウムもいつもと気分がちがうことがあります。「今、この瞬間はかまってほしくないいんだね」ということが伝わってきたら、気持ちを尊重してあげてください。短い時間のあと、きっといつもの顔に戻ります。

## 体調不良のケースは病院に

具合が悪くなって「近寄るな」のサインを出している鳥も、もちろんいます。その際の、「放っといてくれ」の顔には、不機嫌さも漂います。体調が悪くていらだっている自分の状況を思い出すと、鳥の気持ちも理解できるはずです。

明らかに機嫌が悪化している状況では、鳥を専門とする獣医師の診察が必要なケースも多く見られます。

体調不良のケースは必要な対応を！

# 食欲が落ちたときは群れの心理を利用

## 体重が減るタイミング

生き物ですから、体調がおかしくなることもあります。とくにインコやオウムでは、夏と冬の換羽の際に食欲を落とし、大きく体重を減らす例も見ます。

またその時期には台風が来たり、寒波が来たりするなどして、気圧の変化に弱い鳥や急な寒さがストレスになりやすい鳥は、体調を崩すことがあります。時期的な体調不良が換羽と重なってしまった場合、対応を誤ると本当の病気になってしまうことがあります。

もちろん内臓の疾患ほか、なんらかの病気によって食欲が落ちてしまうこともあります。

その鳥がしっかり必要量を食べているかどうかは、体重の変化を見ればわかります。鳥の健康管理は体重管理からといわれますが、これは正しい情報です。可能であれば日々の体重測定を、その家の習慣にしてください。

またその際は、朝起きたときと夜寝る前の少なくとも2回、できればそのあいだにさらに1回測定しておくと、1日の中の体重変動がわかります。

換羽の時期はふだんとおなじだけ食べていても体重が減ることが多いのに加えて、食欲が落ちて平常時の必要量に満たない食事しか取れないと、体重が激減してしまうことになります。その状況が半月も続くと、危険な状態になる可能性があります。

毎日、体重測定をしていると、体重が落ち始めたタイミングがわかります。そのタイミングで「一口多く食べるように促す」ことができたなら、なにが原因であったとしても、大きく体重を減らす前に対処ができると思います。

ただし、病気等、なんらかの異常が原因となって体重が減ってきていると感じた場合は、できるだけ早い段階で鳥を専門とする病院に連れて行って診察を受け、原因を確認するとともに、治療を始めることが大切です。家庭では対応できない病気も多いからです。

## 群れの習性

もともと群れの鳥であるインコやオウムは、人と暮らすようになっても野生時代から受け継いだ習性をもち続けています。「食事は仲間といっしょに取る」というのも、そうした習性のひとつです。

ほかのメンバーが食べ始めると、いっしょに食べます。まわりが食べていると安心できて食事に集中することができます。

先に一定量を食べていて、実際にはほぼ満腹だったとしても、まわりが食事を始めると、つられて食べてしまうのもおなじ習性によるものです。

家庭においては人間もまた群れのメンバー。もちろん、人間ともいっしょに食べます。分離不安のひとつの症状としての、「好きな人間が帰宅するまで食べないで待つ」のベースにあるのも、「いっしょに食べたい」気持ちです。

## 食べないとき

食欲を取りもどしてほしいとき、また一粒でも多く、シードやペレットを食べてほしいとき、食欲旺盛な鳥がいれば近く、もしくは隣にケージをもってきて、おたがいが見える状態にして、食事をしてもらいます。

ほかに鳥がいない場合、いたとしても、さらに「食べたい」という気持ちになってもらうために、見える場所で人間が食事をすることも有効です。その際は夕飯に限定せず、適当な時間に菓子類など食べてみせるのもいいでしょう。

ただし、少しでも多く食べてもらおうと人間が間食を続けると、人間のほうの健康を損ねることもあるので、バランスを取りながら行う必要があります。

いっしょに食べたい心理を利用して食事を！

# あとがきにかえて

わずか数十年前まで、鳥の飼育に「アニマルウェルフェア」の考えはほとんど反映されていませんでした。

動物は生まれてから死ぬまで、その動物本来の行動を取ることができ、幸せでなければならない。それがアニマルウェルフェア（＝動物福祉）の理念です。

動物飼育の現場で、アニマルウェルフェアが少しずつ浸透しはじめたのは20世紀後半で、西欧からでした。日本の鳥の飼育においては、20世紀の末くらいから、こうした考えのもとで鳥と暮らす人が少しずつ増えてきた印象があります。

その後、鳥の気持ちや心理に関心をもつ専門家も増え、鳥の心に着目した雑誌記事も書かれるようになりました。そうした流れの中、インコやオウムの心理について解説させていただいたのが『インコの心理がわかる本』（誠文堂新光社）です。もちろん、飼育されている鳥の心理を解説したものとしては、日本で初の書籍でした。

それから13年の時を経て、『インコの心理がわかる本』の後継となる本を書き上げることができました。この13年間は、あっという間だった気もしますし、とても長かった気もします。なんだか不思議な感覚です。

ここ最近、鳥の気持ちに寄り添って暮らす飼育者も増えてきています。新たに鳥と暮らし始める人の中にも、鳥の心に関心をもち、もっとよく知りたいと願う人が多数います。長く絶版だった前身の書籍に代わって、本書がそうした飼育者の一助になれば幸いです。

実は日本では、200年以上も前の江戸時代に、アニマルウェルフェアの考えに近い意識をもち、自身の飼育書に反映させた人物がいました。

書籍の名前は『百千鳥（ももちどり）』。著者は泉花堂三蝶（せんかどうさんちょう）という人物です。刊行は18世紀の末、寛政11年（1799年）頃とされます。

本の序文で三蝶は、「野の鳥は生きていくのが大変だが、飼い鳥は寒さ暑さも心配がいらず、水もエサも与えられている。だが飼い鳥は、適切な飼育がなされなければ命を縮めることになる」という内容を語ります。野鳥よりも短い命になるのなら、人に飼われる意味はないと考えていたようです。

そして三蝶は、「だから私は、人に飼われる鳥が不幸にならないために、この本を書くのだ」と綴っています。江戸の飼い鳥文化を研究するなかで、三蝶の姿勢からは、とても強い影響を受けました。

その体、心について正しい知識、理解がないと、鳥とは適切な関係が結べない——。そうした思いが、筆者が鳥の本を書く原動力になっています。鳥の飼育や生理に関する本、鳥の文化誌に関する本、すべてそうです。三蝶の意識は、今も細川の中に息づいています。

このあとがきで、江戸の鳥の飼育文化にも興味を感じられたら、図書館などで『大江戸飼い鳥草紙』(細川博昭／吉川弘文館)を手にとってみてください。鳥と暮らした当時の人々のことを知ることで、ともに暮らす鳥のことがさらに愛しくなると思います。

2024年秋　細川博昭

【た】



【な】



【は】



【ま】



【や・ら・わ】



【英字】

# 索引

## 主な参考文献・引用文献


・無藤隆、岡本祐子、大坪治彦編 『よくわかる発達心理学』 ミネルヴァ書房、2004 年
・無藤隆、佐久間路子編著 『発達心理学』 学文社、2008 年
・藤田和生 『動物たちのゆたかな心』 京都大学学術出版会、2007 年
・渡辺茂 『鳥脳力』 化学同人、2010 年
・渡辺茂 『ヒト型脳とハト型脳』 文春新書、2001 年
・渡辺茂 『ハトがわかればヒトがみえる 比較認知科学への招待』 共立出版、1997 年
・中島定彦 『動物心理学――心の射影と発見』 昭和堂、2019 年
・支倉槇人 『ペットは人間をどう見ているのか』 技術評論社、2010 年
・細川博昭 『インコの心理がわかる本』 誠文堂新光社、2011 年
・細川博昭 『インコに気持ちを伝える本』 誠文堂新光社、2012 年
・細川博昭 『うちの鳥の老いじたく』 誠文堂新光社、2017 年
・細川博昭 『鳥を識る』 春秋社、2016 年
・細川博昭 『人も鳥も好きと嫌いでできている』 春秋社、2024 年
・アイリーン・ペッパーバーグ著／渡辺茂、山崎由美子、遠藤清香訳 『アレックス・スタディ――オウムは人間の言葉を理解するか――』 共立出版、2003 年
・アイリーン・ペパーバーグ著／佐柳信男訳 『アレックスと私』 幻冬舎、2010 年
・セオドア・ゼノフォン・バーバー著／笠原敏雄訳 『もの思う鳥たち 鳥類の知られざる人間性』 日本教文社、2008 年
・ティム・バークヘッド著／沼尻由紀子訳 『鳥たちの驚異的な感覚世界』 河出書房新社、2013 年
・マイケル・S・ガザニガ著／柴田裕之訳 『人間らしさとはなにか？』 インターシフト、2010 年
・ジャック・ヴォークレール著／鈴木光太郎・小林哲生訳 『動物のこころを探る』 新曜社、1999 年
・マーク・ベコフ著／高橋洋訳 『動物たちの心の科学』 青土社、2014 年
・Andrew・U・Luescher 編／入交眞巳、笹野聡美監訳 『インコとオウムの行動学』 文永堂出版、2014 年


このほか多くの書籍、論文、記事などを参考にしています。

## 細川博昭（ほそかわ・ひろあき）

作家。サイエンス・ライター。鳥を中心に、歴史と科学の両面から人間と動物の関係をルポルタージュするほか、先端の科学・技術を紹介する記事も執筆。主な著作は『人も鳥も好きと嫌いでできている』『鳥を識る』『鳥と人、交わりの文化誌』『鳥を読む』（春秋社）、『大江戸飼い鳥草紙』（吉川弘文館）、『知っているようで知らない鳥の話』『鳥の脳力を探る』『江戸時代に描かれた鳥たち』（SBクリエイティブ）、『オカメインコとともに』（グラフィック社）、『身近な鳥のすごい事典』『インコのひみつ』（イースト・プレス）、『江戸の鳥類図譜』『江戸の植物図譜』（秀和システム）、『うちの鳥の老いじたく』『長生きする鳥の育てかた』（誠文堂新光社）など。日本鳥学会、ヒトと動物の関係学会、生き物文化誌学会ほか所属。
X：@aru1997maki

## ものゆう

鳥好きイラストレーター、漫画家。主な著書は『ほぼとり。』（宝島社）、『ひよこの食堂』（ふゅーじょんぷろだくと）、『ことりサラリーマン鳥川さん』（イースト・プレス）など。
X：@monoy

## 写真提供（掲載順、数字は掲載ページ）

内田美奈子 *11*、相澤寛子 *23*、ロメオ *24*、れもぐぐにっき（@lemonnikki0522）*25*、あおそら。*31*、momo-farm *33* 右／*79*、神吉晃子 *33* 左、黒澤まる *37*、Reiko O. *42* ／ *115*、鶴野ゆみ *44* ／ *85*、宇喜多美香 *46*、執行千恵子 *54*、ame *56*、佐藤ぴの *62*、後藤喜代美 *67*、岸美里 *71*、佐藤綾子 *76*、手塚素子 *6* 下段上／ *80*、みなみまなみ カバー表 *4* ／ *87* ／ *102* ／ *117*、はな *91*、松井淳 *93*、東真沙美 *95*、ノラオンナ *6* 下段下／ *103*、戸沼志津子 *105* ／ *123*、西口しのぶ *110*、@amo036481 *121*、栄喜静 *128*、小林秋子 *137*

# インコ・オウムの心を知る本

## 愛鳥の気持ちに寄り添った、<br>よりよい暮らしのために

2024年11月30日　第1刷発行

著　　者……………………細川博昭
イラスト……………………ものゆう
発 行 者……………………森田浩平
発 行 所……………………株式会社 緑書房
〒103-0004
東京都中央区東日本橋3丁目4番14号
TEL　03-6833-0560
https://www.midorishobo.co.jp
編　　集……………………池田俊之、大澤里茉
組　　版……………………泉沢弘介
印 刷 所……………………シナノグラフィックス


ISBN978-4-86811-010-1　Printed in Japan